맛있는 요리를 만드는 레시피가 있는 것처럼 웃음, 힐링, 성장을 만드는 레시피도 있을까요?
레시피팩토리는 모호함으로 가득한 이 세상에서 당신의 작은 행복을 위한 간결한 레시피가 되겠습니다.

카페보다 더 맛있는

카페 음료 기본부터 응용까지

"카페보다 더 맛있는 나만의 음료, 누구나 만들 수 있습니다"

추억이 담긴 음료를 만듭니다

저는 경영학을 공부하고 금융기관에서 8년간 근무하며 음식과는 다소 거리가 먼 일을 해왔습니다. 그런데 돌이켜 생각해보니 음식 관련 일을 하게 된 것은 운명과도 같았다는 생각이 듭니다. 종갓집 며느리였던 어머니는 못 만드시는 음식이 없었습니다. 매 계절마다 제철 나물과 과일로 장아찌는 물론 청이나 잼, 술까지도 모두 직접 만드셨습니다. 그중에서도 어릴 적 생일마다 만들어주셨던 청포도 케이크는 아직까지도 정말 소중한 추억으로 남아있어요. 많은 분들에게 추억이 담긴 음식 하나쯤은 있을 거라고 생각해요. 음식을 만들기 위한 계획부터 만드는 과정, 함께하는 소중한 사람들까지. 그 모든 것이 합쳐져 하나의 '추억'이 되는 거죠. 제게는 어릴 적 생일 케이크가 큰 추억이듯이, 제 딸 아이에게도 정성스럽게 만든 건강한 음식으로 추억을 만들어주고 싶었어요. 그렇게 15년 전부터 본격적으로 요리 공부를 시작하게 되었고, 이제는 전문가로서 요리뿐 아니라 카페 음료로까지 영역을 확장해 다양한 클래스와 메뉴 개발, 메뉴 컨설팅 등을 하며 많은 분들과 소통하고 있습니다.

음료 개발의 시작은 탄탄한 베이스 제조에서부터

클래스나 컨설팅을 진행할 때면 "시그니처 음료는 어떻게 개발하나요?"라는 질문을 가장 많이 듣습니다. 익숙한 맛의 기성 제품이 아닌 우리 카페만의 특별한 음료를 만들고 싶은 마음일 거예요. 그런데 생각보다 메뉴 개발은 매우 쉽습니다. 저는 항상 그 질문에 "기성 제품을 대체할 수 있는 '베이스'를 직접 만들어보세요"라고 말씀드립니다. 청이나 식초, 시럽, 잼 등을 직접 처음부터 만들어

보면, 이것을 어떻게 활용하면 되는지 점점 보이거든요. 예를 들어 딸기베이스를 직접 만들면 이를 활용한 딸기에이드부터 딸기라테, 딸기요거트, 딸기티까지 다양한 활용 메뉴를 손쉽게 만들 수 있어요. 이것을 반복하다 보면 다채로운 맛, 풍미, 질감의 음료를 상상하면서 자신만의 레시피를 개발할 수 있게 되지요. 저는 이 과정에서 음료에 남다른 정체성이 생겨난다고 생각해요. 나만의 레시피, 나만의 메뉴가 줄 수 있는 힘, 그 힘을 믿기에 저는 무엇보다 이 책을 통해 자신만의 음료를 만드실 수 있게 돕고 싶었습니다.

홈카페부터 카페 창업까지, 카페 음료의 모든 노하우

책에는 커피, 라테 · 밀크티 · 요거트, 에이드 · 블렌딩티, 스무디 · 주스, 알코올 음료, 키즈 음료, 한식 음료 총 7가지 카테고리로 나눠 카페 음료의 기본인 아메리카노부터 시그니처 메뉴로 활용될 법한 음료들까지 폭넓게 담았습니다. 대부분의 음료는 재료 본연의 맛을 담을 수 있도록 시판 시럽이나 파우더 등을 사용하지 않는 레시피로 구성했어요. 시판 제품을 대체할 과일베이스와 시럽 만드는 법도 소개했으니, 건강하고 정성 가득한 음료를 직접 만들 수 있으리라 생각합니다. 이후에는 메뉴 개발까지도 충분히 도전할 수 있을 겁니다.

이 책에는 제가 지금까지 음료를 개발하고 만들어 온 노하우가 모두 담겨 있습니다. 그렇기에 집에서 맛있는 카페 음료를 제대로 즐기고 싶은 분은 물론 카페 창업을 준비하거나 현재 카페를 운영하고 있는 분들도 '카페보다 더 맛있는' 카페 음료를 만들 수 있을 거라고 확신합니다. 여러분께 이 책이 믿음직한 길잡이가 되었으면 합니다. 책을 마무리하다 보니 많은 분들의 도움이 있었던 것이 새삼 느껴집니다. 요리에 추억을 담을 수 있게 해주신 어머니, 수백 개가 넘는 음료도 기꺼이 시음해준 가족에게 감사를 전합니다. 그리고 멋진 책을 함께 만들어준 레시피팩토리팀에게도 진심으로 감사드립니다.

2023년 05월
김민정

이 책의 모든 레시피는요!

☑ 표준화된 계량도구를 사용했습니다.

- 음료의 정확한 맛을 위해 무게(g)와 부피(mℓ)를 우선으로 기재했습니다. 되도록 저울과 계량컵 사용을 추천합니다.
- 1컵은 200mℓ, 1큰술은 15mℓ, 1작은술은 5mℓ 기준입니다.
- 계량도구 계량 시 윗면을 평평하게 깎아 계량해야 정확합니다.
- 밥숟가락은 보통 12~13mℓ로 계량스푼(큰술)보다 작으니 감안해서 조금 더 넉넉히 담아야 합니다.

☑ 에스프레소, 얼음, 장식 재료는 상황에 맞게 사용하세요.

- 레시피에 표기된 1잔의 용량은 음료의 양이 아닌 잔 사이즈 기준입니다.
- 에스프레소 1샷은 정해진 양이 없습니다. 이 책에서는 20mℓ 기준으로 소개했는데, 취향에 따라 늘리거나 줄여도 좋습니다.
- 얼음의 양은 잔의 크기와 모양에 따라 달라지므로 '적당량'이라고 표기했습니다. 장식은 꾸미는 재료이므로 전부 생략해도 괜찮습니다.

Chapter 1

커피

Chapter 2

라테 • 밀크티 • 요거트

Chapter 3

에이드 · 블렌딩티

Chapter 4

스무디 · 주스

Chapter 5

알코올 음료

Chapter 6

초코 · 키즈 음료

Chapter 7

한식 음료

BASIC GUIDE

기본 가이드

카페 음료를 위한 기본 도구와 재료

나만의 홈카페를 위해, 카페의 시그니처 메뉴를 만들기 위해 필요한 기본 도구와 재료를 소개합니다. 공통적으로 해당되는 내용은 이 챕터에서 다루고, 음료마다 다른 기본 정보는 각 챕터의 앞부분에 실었으니 차근차근 읽고 따라해보세요.

Basic Guide

[도구]

구비해두면 유용한 장비 · 도구 · 잔

기본 장비

1 핸드블렌더
'도깨비방망이'로도 불리는 핸디형 믹서예요. 우유와 코코아파우더처럼 잘 섞이지 않는 재료를 섞을 때나 과일 등의 재료를 간단하게 갈 때 사용해요.

2 착즙기
채소나 과일의 즙을 내는 기구예요. 사과, 오렌지 등 단단한 과일로 주스를 만들 때 사용합니다.

3 우유거품기
우유를 붓고 버튼을 누르면 쫀쫀한 거품을 만들 수 있어요. 따뜻하게 데우는 것은 물론 차가운 거품도 가능합니다. 비교적 저렴한 5~6만 원대 국내 제품도 나와있으니 사용하길 추천해요. 핸디형 전동 우유거품기는 성능은 조금 떨어지지만 1만 원대에 구입할 수 있습니다.

4 믹서
스무디, 프라프치노 등의 음료를 만들 때 사용해요. 셰이크나 프라프치노처럼 얼음을 가는 음료는 고출력(고마력) 제품을 사용해야 곱게 갈려서 맛있어요.

5 핸드믹서
주로 크림커피에 올라가는 크림을 휘핑할 때 사용해요. 거품기를 사용해도 되지만 핸드믹서가 있으면 훨씬 편리해요.

기본 도구

저울
이 책에서는 레시피에 무게(g)를 우선으로 표기하고 대략적인 눈대중량을 넣었어요. 정확한 계량을 위해 구비하길 추천합니다.

계량컵 · 계량스푼
액체는 정확한 부피(㎖)를 우선으로 표기했어요. 음료를 만들 때는 2가지 이상의 액체를 섞는 경우가 많으므로 500㎖ 계량컵이 있으면 편하답니다.

샷잔
에스프레소 샷을 추출할 때 샷잔을 사용하면 크기에 따라 1샷 또는 2샷만큼 딱 담겨 사용하기 편리해요.

집게
허브나 과일 등으로 음료를 장식할 때 집게를 사용해요. 아이스 음료를 만들 때는 얼음 집게를 사용하면 미끄러지지 않아서 좋아요.

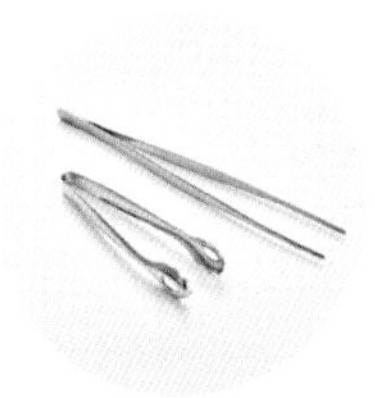

우유 거품 스푼
크고 넓적한 모양의 스푼으로 우유거품을 떠서 옮길 때 사용해요.

스퀴저
오렌지나 레몬 등 시트러스류의 즙을 짤 때 사용해요. 대부분 스테인리스 재질이고, 유리나 도자기도 있어요.

아이스크림 스쿱
아이스크림을 동그랗게 퍼 담을 수 있어요. 이 책에서는 카페에서 가장 많이 이용하는 10호(1스쿱에 약 100g)를 썼어요.

체
음료에 파우더를 뿌려 장식하거나 찻잎 등을 거를 때 사용해요. 크기가 작고 촘촘한 체가 적합합니다.

머들러
음료를 섞을 때 사용하며 그대로 음료에 꽂아 장식하기도 해요.

차선
대나무로 만들어진 솔로 가루 차를 물에 풀 때 사용해요. 거품기를 사용해도 되지만 차선이 훨씬 잘 섞인답니다.

공티백
잎차를 담아서 우릴 때 사용해요. 국물용 다시백을 써도 좋습니다.

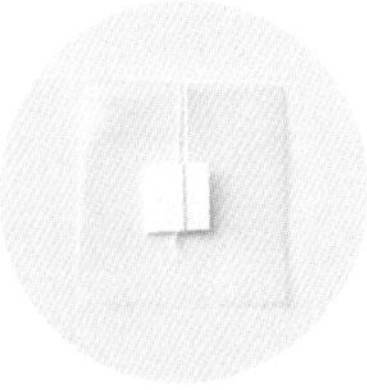

자주 사용하는 잔

에스프레소잔(60~80mℓ)
프랑스어로 '데미타세(Demitasse)'라고 부르기도 해요. 에스프레소는 양이 적기 때문에 빨리 식는 것을 막기 위해 대부분 보온력이 좋은 도자기 재질이고 두께가 두꺼워요.

카푸치노잔(150~220mℓ)
흔히 사용하는 카페라테 잔보다 용량이 작아서 더욱 진한 커피맛을 느낄 수 있어요. 카푸치노 외에도 핫초코, 홍차를 즐기기에도 적합합니다.

카페라테잔(240~300mℓ)
카푸치노잔과 비슷한 모양이지만 약간 더 커서 우유나 물이 들어간 부드러운 커피를 즐기기 좋아요. 입구가 넓어서 라테아트에도 적합합니다. 용량이 커서 아메리카노를 담기도 해요.

찻잔(250mℓ)
찻잔은 둘레가 꽃처럼 활짝 벌어진 모양을 하고 있는 덕분에 티의 향을 풍부하게 느낄 수 있어요.

머그잔(300mℓ)
가정에서도, 매장에서도 가장 활용도가 높은 잔이에요. 두께가 두툼해 보온력이 좋고, 마실 때 입술에 닿는 부분의 느낌이 좋아서 선호하는 사람이 많아요. 직선형, 곡선형, 장구 모양 등 디자인이 다양해요.

아이스잔
아이스 음료는 시원한 느낌을 내기 위해 보통 유리잔을 사용해요. 와인 잔에서 다리를 없앤 모양의 스템리스(Stemless)잔은 주스, 스무디 등에 잘 어울리고, 위아래의 지름이 일정한 잔은 탄산이 잘 빠져나가지 않아 탄산 베이스 음료를 담기에 좋습니다.

Q&A 잔 관리법이 궁금해요!

도자기잔은 사용 후 빠른 시간 내에 닦아야 변색을 예방할 수 있어요. 만약 얼룩이 지워지지 않는다면 미지근한 물에 베이킹소다를 약간 풀어 10분 정도 컵을 담가둔 후 부드러운 천이나 스펀지로 닦으면 흠집 없이 깨끗하게 지워져요. 도자기잔에 실금이 갔을 때는 냄비에 우유와 잔을 넣고 5분 정도 끓여주면 실금이 없어져요.

유리잔의 경우는 잔에 잘게 썬 감자 껍질과 미지근한 물을 붓고 입구를 막은 후 위아래로 흔들면 새것처럼 윤기가 나요. 번거롭다면 베이킹소다를 푼 물에 잠시 담가도 좋습니다. 옅은 오염이 있다면 치약을 사용해 지울 수 있어요.

[재료]

자주 사용하는 시판 재료와 추천 브랜드

우유 및 유제품

⋆ 비건으로 만들기 21쪽

우유
라테의 맛을 좌우하는 중요한 재료예요. 맛이 고소하고 거품이 잘 나는 서울우유를 추천합니다.

생크림
크림커피를 만들 때 주로 사용해요. 서울우유 제품이 가장 맛이 고소하고 휘핑도 잘 올라오기 때문에 업장에서도 많이 사용해요.

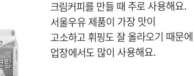

휘핑크림
유지방 함량이 낮아 생크림보다 휘핑을 하기 용이해요. 생크림으로만 휘핑을 하면 맛은 좋지만 금방 무너지기 때문에 단단하게 휘핑되는 휘핑크림과 섞어서 사용합니다. 매일 휘핑크림(유지방 38%)을 추천해요.

크림치즈
크림커피용 크림을 만들 때 크림치즈를 약간 더하면 짭조름한 맛이 별미예요. 마담로익 제품이 신맛이 적어 추천해요.

바닐라 아이스크림
셰이크를 만들거나 음료 토핑으로 자주 쓰는 재료예요. 가정에서는 진하고 고소한 맛의 투게더를, 가성비 제품으로는 코스트코에서 판매하는 맥키스 제품을 추천합니다.

가루류

말차가루
말차가루는 어린 녹차잎을 증기에 찌고 말린 후 분쇄한 가루로, 다양한 녹차 음료를 만드는 핵심 재료예요. 자칫하면 특유의 비릿한 향이 나기 쉬워서 고르기 까다로운 재료이기도 합니다. 다도레 제품을 추천해요.

코코아파우더
우유와 섞어 초코 음료를 만들거나 토핑용으로 사용해요. 어떤 코코아파우더를 쓰는지에 따라 초코 음료의 맛이 천차만별로 달라진답니다. 깊고 진한 맛의 기라델리 다크 초콜릿&코코아 제품을 추천해요.

당류

유기농원당

특유의 향이 있어 몇몇 음료에 더하면 잘 어울려요. 단, 유기농원당 중 바스코바도 품종은 맛과 질감이 음료에 적합하지 않으니 주의해야 합니다. 무난하게 쓰기 좋은 나티브 제품을 추천해요.

메이플시럽

단풍나무 수액에서 채취하는 메이플시럽은 특유의 향을 가지고 있어요. 주스나 스무디에 설탕 대신 넣으면 건강한 단맛을 더할 수 있습니다.

헤이즐넛시럽

음료에 헤이즐넛 향을 낼 때 가장 손쉽게 사용하는 방법이 헤이즐넛시럽을 사용하는 거예요. 특히 향이 풍부한 마리브리자드 사의 헤이즐넛 시럽을 추천합니다. 아메리카노나 카페라테에 더해 즐겨보세요.

연유

라테나 요거트 등 유제품이 들어가는 메뉴에는 설탕 대신 연유를 넣으면 잘 어울려요. 커피 메뉴 중에서도 돌체 카페라테의 경우 연유를 사용하지요.

Q&A 가루 명칭이 헷갈려요!

말차가루와 말차파우더

사전적 의미로는 '가루'와 '파우더'가 같은 단어이지만, 국내에서 제품을 부를 때는 차이가 있어요. 말차가루는 녹차잎을 증기에 찌고 말린 후 분쇄한 100% 녹차가루로 진한 맛과 향을 느낄 수 있는 반면, 말차파우더는 말차가루 30% 정도에 당류와 우유 등의 재료가 혼합된 가루로 '말차라테 파우더'라고 이해할 수 있지요. 때문에 우유에 말차가루를 넣으면 쌉싸래한 말차의 맛만 느낄 수 있지만 말차파우더를 넣으면 달콤한 말차라테가 완성돼요.

카카오파우더와 코코아파우더

말차를 '말차가루'와 '말차파우더'로 비교적 구분 지어 부르는 반면, 카카오는 '카카오가루', '카카오분말', '코코아파우더' 등의 이름으로 혼재되어 불리고 있어 구입할 때 주의가 필요합니다. 이 책에서는 단맛보다 쓴맛이 강한 100% 카카오 열매 가루를 '카카오파우더'로, 카카오파우더에 설탕, 초콜릿, 우유 등을 섞은 초코 음료용 가루를 '코코아파우더'로 표기했습니다.

자주 사용하는 시럽 · 잼 만들기

바닐라시럽

바닐라빈 2개, 유기농원당 250g(약 1과 2/3컵), 물 150mℓ(3/4컵)

1 바닐라빈은 반을 가른 후 씨를 긁어낸다.

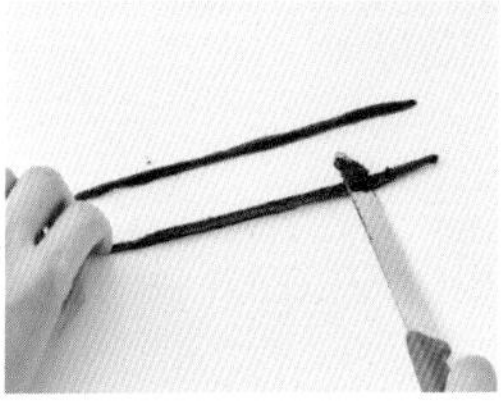

2 냄비에 물, 바닐라빈의 씨, 껍질을 넣고 중간 불에서 끓어오르면 유기농원당을 넣고 녹을 때까지 2분간 저어가며 끓인다.

3 완전히 식힌 후 용기에 바닐라빈 껍질과 함께 담고 냉장실에 넣어 60일간 숙성 후 사용한다(냉장 보관 1개월).

모카시럽

* 커피에 넣는 초코시럽

다크초콜릿 75g(카카오 72%), 유기농원당 190g (약 1과 1/5컵), 우유 145mℓ(약 3/4컵)

1 냄비에 다크초콜릿, 유기농원당, 우유를 담고 약불에서 천천히 저어가며 녹인다.

2 다크초콜릿과 유기농원당이 녹으면 바로 불을 끈다.

3 완전히 식힌 후 용기에 담아 숙성 없이 사용한다(냉장 보관 1개월).

캐러멜시럽

생크림 200mℓ(1컵), 유기농원당 180g (약 1과 1/5컵), 소금 약간, 물 50mℓ(1/4컵)

1 냄비에 물, 유기농원당, 소금을 넣고 중간 불에서 캐러멜 색이 될 때까지 젓지 않고 끓인다.
* 저으면 설탕이 굳으므로 젓지 않는다.

2 생크림을 전자레인지에 넣고 20초 정도 데운다. 약불에서 냄비 중심부에 생크림을 2~3번에 나눠 붓고 3~5분간 저어가며 끓인다.
* 생크림을 데워서 넣지 않으면 끓어 넘친다.

3 완전히 식힌 후 용기에 담아 숙성 없이 사용한다(냉장 보관 1개월).

TIP 보관용 병 소독하기

끓는 물에 병을 넣고 1분 정도 삶은 후 물기를 완전히 말리거나 100~150°C 오븐에 10분간 돌린 후 사용하면 저장 기간을 늘릴 수 있어요.

초코시럽

* 초코 음료에 넣는 시럽

다크초콜릿 100g(카카오 72%),
설탕 180g(약 1과 1/5컵), 카카오파우더 80g(약 1컵),
우유 300㎖(1과 1/2컵)

1 냄비에 우유를 넣고 약불에서 끓기 직전까지 데운 후 다크초콜릿을 넣고 녹인다.

2 다크초콜릿이 완전히 녹으면 약불에서 카카오파우더, 설탕을 넣고 저어가며 녹인다.

3 설탕이 녹으면 바로 불을 끄고 완전히 식힌다.

4 핸드블렌더로 살짝 섞어 뭉친 코코아파우더를 푼다. 용기에 담아 숙성 없이 사용한다 (냉장 보관 1개월).

시나몬시럽

계피 50g(약 1컵), 시나몬파우더 5g(1/2큰술),
설탕 360g(2와 1/4컵), 물 600㎖(3컵)

1 냄비에 물, 계피를 넣고 중간 불에서 끓어오르면 10분간 끓인다.

2 시나몬파우더, 설탕을 넣고 저어가며 중간 불에서 녹인다.

3 불을 끄고 뚜껑을 덮은 상태로 식힌 후 계피와 함께 병에 담는다.

4 냉장실에서 3일간 숙성 후 걸러서 계피, 가라앉은 앙금을 제거한 후 다시 용기에 담는다(냉장 보관 1개월).

얼그레이시럽

얼그레이 티백 7개(14g), 설탕 180g(약 1과 1/5컵,
또는 진한색을 원할 경우 황설탕), 물 600㎖(3컵)

1 끓는 물에 얼그레이 티백 4개(8g)를 넣고 중간 불에서 5분간 끓인다.

2 티백을 건져낸 후 설탕을 넣고 중간 불에서 저어가며 녹인다.

3 설탕이 녹으면 바로 불을 끄고 얼그레이 티백 3개(6g)를 넣는다. 뚜껑을 덮고 2시간 동안 우린다.

4 티백을 건지고 용기에 담아 냉장실에서 1일간 숙성 후 사용한다(냉장 보관 1개월).

헤이즐넛잼·땅콩잼

헤이즐넛 100g(약 1컵, 또는 땅콩)

1 기름을 두르지 않은 달군 팬에 헤이즐넛 또는 땅콩을 넣고 약불에서 2~3분간 볶는다.
* 150°C로 예열한 오븐에서 7~8분간 구워도 좋다.

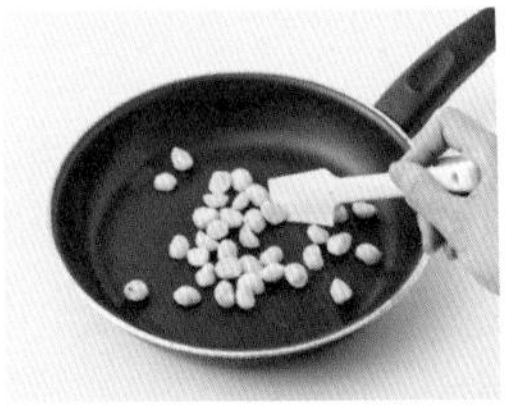

2 핸드블렌더로 크림 상태가 될 때까지 간 후 용기에 담는다(냉장 보관 1개월).

음료를 꾸미는 장식

허브로 장식하기

허브는 음료의 맛과 어울리는 것을 사용하는 것이 중요해요. 애플민트, 로즈마리, 타임을 가장 많이 사용하는데, 레시피에서 특정 허브가 잘 어울리는 경우 허브 이름으로 표기하고, 두루두루 어울리는 경우는 '허브'로 표기했으니 세 가지 중 상황에 맞게 사용하세요.

타임
오렌지, 레몬 등의
시트러스 계열,
토마토가 들어간 음료와
잘 어울려요.

애플민트
상쾌한 향의 허브로
향이 강하지 않아
모든 음료에 잘 어울려요.

로즈마리
상그리아, 뱅쇼 등 와인 음료 또는 사과가 들어간
음료와 특히 잘 어울려요. 향이 강해서 자칫
음료 맛에 영향을 줄 수 있으므로 주의해요.

대추꽃 만들기

한식 음료에 자주 사용하는 장식입니다.
음료에 들어갔을 때 풀어지지 않도록 단단하게 마는 것이 중요해요.

1 대추는 반을 갈라 펼친 후 씨를 제거한다.
2 풀어지지 않도록 힘을 주어 만다.
3 랩으로 감싸둔 후 칼로 썬다.

1

2

3

꼭 읽어보세요!

[카페보다 더 맛있는 카페 음료 만들기 궁금증]

재료

Q 껍질째 쓰는 과일의 세척법이 궁금해요.

A 특히 오렌지나 레몬 같은 시트러스류 과일은 껍질이 울퉁불퉁하기 때문에 세척에 더 신경을 써야 해요. 조금 번거로울 수 있지만 3단계 세척법을 알려드릴게요.

1단계 따뜻한 물(50~60°C) 2ℓ(10컵)에 베이킹소다 1/3컵, 과일을 넣고 5분 이상 담가 껍질 표면의 왁스 성분을 벗겨요.

2단계 일회용 엠보싱 수세미로 과일을 세게 문질러 닦아요. 엠보싱이 있는 것을 사용해야 껍질의 울퉁불퉁한 부분을 깨끗하게 닦을 수 있어요.

3단계 차가운 물 2ℓ(10컵)에 식초 1/3컵, 과일을 넣고 1~2분간 담가 소독한 후 흐르는 물에 헹궈요.

Q 만들어둔 과일베이스가 없는데, 바로 음료를 만들 순 없나요?

A 과일베이스는 음료의 맛을 결정하는 중요한 요소인 만큼 되도록 만들어서 사용하길 추천해요. 하지만 만들어 둔 베이스가 없는 경우 오렌지·레몬 등의 시트러스류는 알맹이만 분리해서, 딸기·키위 등 무른 과일은 잘게 다져서, 사과·생강 등 단단한 재료는 착즙기로 착즙하거나 강판에 갈아 즙만 짠 후 동량의 설탕과 섞어 숙성 없이 바로 사용할 수 있습니다.

Q 생크림과 휘핑크림은 어떤 차이가 있나요?

A 흔히 생크림은 동물성이고 휘핑크림은 식물성이라고 알려져 있는데, 반은 맞고 반은 틀린 내용이에요. 우리가 생크림 하면 떠올리는 고소한 크림은 우유에서 지방을 분리한 동물성 크림이에요. 동물성 크림, 즉 생크림은 맛이 좋다는 장점이 있지만 휘핑을 하기 어렵고 빨리 무너진다는 단점이 있지요. 휘핑이 잘 되고 모양이 오래 유지되도록 안정제와 유화제 등을 넣어 만든 것이 바로 휘핑크림입니다. 휘핑크림은 대두유나 팜유 등으로 만든 식물성도 있지만, 유지방이 포함된 것도 있답니다. 하지만 아무래도 휘핑크림으로만 휘핑을 하면 맛이 떨어져요. 이 책에서는 휘핑을 쉽게하면서 맛을 좋게 하기 위해서 휘핑크림과 생크림을 섞어서 사용합니다. 생크림이나 휘핑크림 중 한 가지만 사용해도 되지만 위에서 언급한 각각의 특징을 유념하세요.

Q 우유나 크림이 들어간 음료를 비건 버전으로 만드는 방법이 궁금해요.

A 라테 등 우유가 들어간 음료는 우유 대신 동량의 두유, 아몬드우유, 귀리우유로 대체할 수 있어요. 이때 주의할 점은 무가당 제품을 사용하는 것. 만약 가당 제품을 사용한다면 제품의 당도에 따라 음료에 들어가는 시럽의 양을 줄이세요.
요거트 음료는 '비건 요거트'를 사용하면 돼요. 비건 요거트는 일반 요거트와 맛이 비슷하지만 콩으로 만드는 특성상 약간의 콩취가 나서 풍미에 차이가 있어요.
음료에 올라가는 크림은 식물성 휘핑크림을 사용해요. 단 휘핑크림 중에서도 유지방이 있는 제품이 있으므로 구매할 때 성분을 확인하거나 '비건용 휘핑크림'으로 검색해서 구입해요. 레시피에서 생크림을 동량의 휘핑크림으로 대체하면 되는데, 아무래도 유지방이 없다 보니 맛은 떨어집니다.

도구

Q 음료를 섞을 때 어떤 도구를 사용해야 잘 섞이나요?

A 기본적으로 액체와 시럽류를 섞을 때는 머들러를 사용하면 잘 섞이고 긴 잔에도 사용할 수 있어 편리해요. 우유에 가루류를 섞을 때는 핸드블렌더나 거품기를 이용하면 잘 섞입니다.
말차를 섞을 때는 대나무로 만든 차선을 사용하면 가루가 잘 풀리고 적당히 거품이 생겨 부드러운 말차를 즐길 수 있답니다. 물론 거품기를 사용해도 무방해요.

Q 핸드믹서가 꼭 필요할까요?

A 크림을 휘핑하거나 음료를 섞을 때 핸드믹서가 없다면 거품기를 사용하면 돼요. 음료를 섞을 때는 크기가 작은 거품기가 편리합니다. 휘핑할 때 거품기를 사용하면 약간의 시간과 노동이 필요한데, 이때 주의할 점이 있습니다. 휘핑은 기본적으로 차가운 온도에서 더 잘 일어나요. 그런데 거품기로 휘핑을 할 경우 시간이 지연되면서 크림의 온도가 미지근해져 휘핑이 더 어려울 수 있답니다.
이럴 때는 휘핑하는 볼 아래에 얼음을 넣은 볼을 겹치면 계속 차가운 상태로 휘핑할 수 있어요.

Q 우유거품기가 없을 땐 어떻게 하나요?

A 인터넷에 우유거품기 없이 거품 만드는 법을 찾아보면 여러 가지가 나오는데, 들이는 노력 대비 결과를 생각하면 추천하지 않습니다. 우유거품기가 없다면 거품을 만드는 것은 과감히 포기하세요. 카푸치노와 플랫화이트처럼 거품이 중요한 메뉴를 제외하고는 우유거품기 없이도 충분히 맛있는 음료를 만들 수 있습니다. 우유거품기는 거품을 만드는 것 외에도 우유를 따뜻하게 데우거나 차갑게 하는 기능을 하는데, 우유를 데우는 방법은 각 레시피마다 기재해 두었습니다. 차갑게 돌려야 하는 경우는 차가운 우유를 쓰면 됩니다.

Q 착즙기가 없어요!

A 대량의 재료는 쉽지 않겠지만 착즙기 없이도 착즙이 가능합니다. 우선 오렌지, 레몬 등 시트러스류는 스퀴저를 사용하면 쉽게 즙을 낼 수 있어요. 스퀴저가 없다면 오렌지나 레몬을 반 자른 후 포크로 찔러 돌리면 스퀴저와 비슷한 효과를 낼 수 있습니다.
스퀴저를 사용할 수 없는 딱딱한 과일이나 채소는 강판이나 푸드프로세서에 간 다음 고운체 또는 면포에 넣고 짜서 주스를 만들면 됩니다.

맛있게 만들기

Q 과일베이스는 어떻게 활용할 수 있나요?

A 각각의 음료를 완성도 있게 만들려면 별도의 재료가 더해져야 하겠지만, 기본적으로 과일베이스만 있어도 여러 가지 음료로 활용할 수 있어요. 예를 들어 딸기베이스를 어떤 재료와 섞는지에 따라 딸기에이드, 딸기티, 딸기라테, 딸기요거트 등으로 다양하게 즐길 수 있지요.

과일베이스 + 탄산수 = **에이드**

과일베이스 + 따뜻한 물 + (티) = **차**

과일베이스 + 우유 = **라테**

과일베이스 + 요거트 = **요거트 음료**

Q 과일베이스끼리 섞어서 사용해도 되나요?

A 취향에 따라 다르겠지만, 저는 섞어서 사용하는 것을 추천하지 않아요. 이것저것 테스트해본 결과 대부분 섞었을 때 맛이 좋아지기보다 오히려 각각의 맛이 흐려져서 효과적이지 않았습니다. 유일하게 패션푸르트베이스는 망고베이스, 오렌지베이스, 키위베이스와 섞어도 잘 어울려요.

Q 모카시럽과 초코시럽은 둘 다 초콜릿으로 만드는데, 대체해도 되나요?

A 결론부터 말하면 대체할 수 없습니다. 모카시럽과 초코시럽 재료의 차이점은 카카오파우더예요. 모카시럽은 초콜릿으로만 만들고, 초코시럽은 초콜릿과 카카오파우더를 섞어서 만들지요. 여기서 맛의 차이가 발생합니다. 모카시럽은 커피에 넣었을 때 커피 향과 어우러지면서 초콜릿의 맛과 풍미를 더하는데, 여기에 초코시럽을 넣을 경우 맛은 텁텁해지고 초콜릿 풍미가 너무 강해지지요. 반대로 초코 음료에 모카시럽을 더하면 맛이 밍밍하고 향도 약합니다. 커피 음료에는 모카시럽을, 초코 음료에는 초코시럽을 사용하세요.

Q 우유를 데우면 비릿한 맛이 나요.

A 우유를 너무 뜨겁게 데우지는 않았나요? 우유를 데우기에 적합한 온도는 60~70°C예요. 70°C가 넘으면 단백질과 지방이 응고되면서 막이 생기고, 사람에 따라 비릿한 맛을 느낄 수 있습니다. 너무 높은 온도가 될 때까지 오래 데우지 않도록 주의를 기울여야 해요. 만약 막이 생겼다면 막을 걷어내고 쓰면 되지만 그렇다고 이미 변한 맛을 되돌릴 수는 없습니다.

예쁘게 만들기

Q **커피 음료를 담을 때 우유를 먼저 담나요? 샷을 먼저 붓나요?**

A 정해진 것은 없습니다. 다만 무엇을 먼저 담는지에 따라 디자인과 맛이 달라질 수 있습니다.

따뜻한 커피

샷 → 우유 우유가 위에 있기 때문에 마실 때 더 부드럽게 느껴질 수 있습니다. 라테아트를 할 수 있습니다.

우유 → 샷 크레마로 인해 커피의 향을 더 풍부하게 느낄 수 있습니다.

아이스 커피

우유 → 샷 커피가 내려오는 모양으로 그라데이션을 주기 위해 대부분 이 순서로 붓습니다.

Q **에이드를 담으면 재료가 둥둥 떠서 지저분해요. 어떻게 담아야 할까요?**

A 우선은 잔에 재료를 담는 순서를 조정해 볼 수 있어요. 얼음 → 과일베이스 → 탄산수 순서로 담으면 과일베이스의 건더기가 떠올라 음료가 지저분해집니다. 에이드는 과일베이스 → 얼음 → 탄산수 순서로 담아야 얼음이 과일베이스 건더기를 눌러 깔끔하게 디자인할 수 있어요.
두 번째는 얼음 사이에 재료를 끼워넣는 방법입니다. 크기가 조금 큰 과일이나 허브의 경우는 마지막에 올리지 말고 탄산수를 붓기 전에 얼음 사이사이에 끼워 넣으면 재료가 떠오르지 않고 디자인도 예쁘답니다.

Q **음료를 디자인하는 노하우가 궁금해요.**

A 제가 자주 쓰는 방법 중 하나는 **오렌지나 자몽 슬라이스를 이용**하는 거예요. 오렌지나 자몽을 동그랗게 썰어 컵의 옆면으로 끼워 넣으면 디자인의 중심을 잡아주면서 생과일의 신선한 느낌을 줄 수 있답니다. 사진처럼 소분해서 얼려두면 필요할 때 한 개씩 꺼내 쓸 수 있어 편해요.

또 한가지 방법은 **색의 대비를 이용**하는 방법이에요. 보통 음료에 들어간 재료를 장식으로 사용하는 경우가 많은데, 안전한 방법이긴 하지만 색이 비슷해 큰 효과를 주기는 어려워요. 반면 음료와 대비되는 컬러의 재료를 장식으로 사용하면 훨씬 화려하고 다채롭게 디자인할 수 있습니다. 예를 들어 주황색 자몽에이드를 자몽으로 장식하면 잘 눈에 띄지 않지만, 보라색 블루베리 몇 알을 넣으면 포인트가 된답니다.

Chapter 1

커피

클래식 커피, 우유를 더한 카페라테, 크림커피

카페 음료의 기본은 아무래도 커피 메뉴겠지요. 에스프레소로 만드는 기본 커피부터 우유를 더해 만드는 여러 가지 카페라테, 요즘 가장 인기인 고소한 크림커피까지, 우리집을 멋진 홈카페로 만들어줄 다양한 커피 음료를 소개합니다.

Coffee

에스프레소 알아보기

에스프레소(Espresso)란 곱게 간 원두에 고온의 물을 고압으로 통과시켜 추출한 커피로, 그 자체가 한 가지 메뉴이자 다른 커피 음료를 만드는 기본 재료가 돼요. 원칙적으로 '에스프레소'는 에스프레소 머신으로 추출한 커피만을 말하지만, 이 책에서는 더 많은 분들이 커피를 즐길 수 있도록 에스프레소를 대신할 수 있는 '농축 커피' 만드는 법을 함께 소개합니다.

에스프레소 솔로(싱글)
기본 에스프레소. 7~10g의 원두를 20~30mℓ로 추출한 것을 '원샷'이라고 불러요.
이 책에서는 원샷을 20mℓ로 잡았어요.

에스프레소 도피오(더블)
에스프레소 솔로와 농도는 같지만 양이 2배인 것을 의미해요. '투샷' '더블샷'이라고도 불러요.
14~20g의 원두를 40~60mℓ로 추출하는데, 이 책에서는 40mℓ를 기준으로 해요.

에스프레소 만들기

방법 1 에스프레소 머신 사용하기

고온 고압의 물로 커피를 추출하는 방법이에요. 포터필터(커피 가루를 담는 손잡이가 달린 도구)에 분쇄된 원두를 담고 템퍼(커피가 원활하게 추출되도록 압력을 가해 커피 가루를 누르는 도구)로 수평이 되도록 누른 후 머신에 장착해 커피를 추출해요. 크레마(커피를 추출할 때 생기는 부드러운 황금색 거품)가 있는 진한 커피를 추출할 수 있어요.

방법 2 모카포트 사용하기

수증기의 압력을 이용해 커피를 추출하는 방법이에요.
보일러(모카포트 가장 하단의 물을 넣는 부분)에 물을 담고 바스켓에 분쇄된 원두를 담은 후 인덕션이나 가스레인지에 올려 커피를 추출해요. 가장 부드러운 맛의 커피를 추출할 수 있어요.

방법 3 캡슐커피 사용하기

사용하는 캡슐커피 머신의 사용법에 따라 커피를 추출해요.
'네스프레소 버츄오' 머신에 '스쿠로' 캡슐을 넣고 20mℓ가 될 때까지 버튼을 길게 누르면 1샷을 추출할 수 있는데, 캡슐커피 중에 에스프레소 맛을 가장 비슷하게 구현할 수 있어서 추천해요.

방법 4 인스턴트커피 사용하기

가장 간단하게 에스프레소를 구현할 수 있는 방법이에요.
뜨거운 물 20~30mℓ에 '카누 미니' 2개를 넣고 섞으면 에스프레소 1샷과 비슷한 농도의 커피를 만들 수 있어요.

콜드브루 만들기

콜드브루(Cold brew) 커피는 찬물을 이용해 오랜 시간 천천히 추출한 커피를 말합니다. 에스프레소에 비해 순하고 부드러우면서 쓴맛이 적은 특징이 있지요. 추출한 커피를 병에 담아 24시간 이상 냉장 보관하면 풍미가 더욱 짙어지므로 한번에 넉넉히 만들어 두고 먹기 좋아요. 콜드브루는 특히 크림커피와 잘 어울린답니다.

1 공티백 또는 다시백에 분쇄된 원두를 담는다.
2 병에 티백을 넣고 생수를 붓는다. 이때 원두와 물의 비율은 1:5 정도가 무난한데, 정답은 없으므로 기호에 따라 조절한다.
3 냉장실에 최소 8시간 이상 넣어둔 후 원두가 담긴 티백을 손으로 살짝 짠다(냉장 보관 7일).

Q&A 콜드브루와 더치커피는 어떻게 다른가요?

콜드브루와 더치커피는 둘 다 찬물을 이용해 천천히 커피를 추출한다는 공통점이 있어요. 콜드브루는 미국식 명칭으로 물에 커피를 섞어 추출하는 '침출식' 커피이고, 더치커피는 일본식 명칭으로 커피에 한 방울씩 물을 떨어트려 추출하는 '점출식' 커피라는 차이점이 있답니다. 맛과 풍미에는 큰 차이가 없어요.

한눈에 보는 커피 + 우유

커피에 우유를 넣어 먹는 방법은 전세계에서 흔하게 볼 수 있는 방식이지만 나라마다 그 이름이 조금씩 달라요. 요즘은 카페에서도 다양한 명칭을 사용해 주문할 때마다 헷갈리곤 하지요. 커피와 우유의 비율을 알면 쉽게 이해할 수 있습니다.

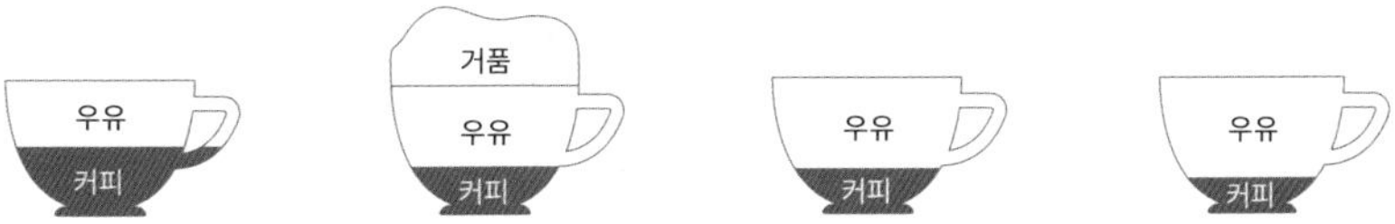

코르타도
커피 : 우유
= 1 : 1

카푸치노
커피 : 우유 : 거품
= 1 : 2 : 3

플랫화이트
커피 : 우유
= 1 : 3

카페라테
커피 : 우유
= 1 : 5

카페 콘파냐 Caffè Con Panna, 코르타도 Cortado

에스프레소로 만드는 두 가지 음료를 소개해요.
카페 콘파냐는 이탈리아 커피로 생크림을 넣은 에스프레소를 말하고,
코르타도는 스페인의 대표적인 커피로 에스프레소 더블샷에
동량의 우유를 넣어 만든 음료를 말해요.

카페 콘파냐

1잔(120mℓ, 4oz)

- 에스프레소 2샷(40mℓ)

크림
- 생크림 65g(4와 1/3큰술)
- 휘핑크림 30g(2큰술)
- 설탕 12g(1큰술)
- 바닐라에센스 1방울

장식
- 코코아파우더 약간

1 볼에 크림 재료를 넣고 주르륵 흐르는 정도까지 핸드믹서나 거품기로 휘핑한다.

2 잔에 에스프레소 샷을 담고 휘핑한 크림 50~60g을 올린 후 코코아파우더를 뿌린다.
* 크림은 기호에 따라 더 넣어도 된다.
남은 크림은 밀폐한 후 냉장 보관(2일)한다.

1

코르타도

1잔(120mℓ, 4oz)

- 에스프레소 2샷(40mℓ)
- 우유 40mℓ(1/5컵)

1 우유거품기에 우유를 넣고 따뜻하게 돌린다.
* 전자레인지에서 15~25초, 냄비에 넣어 중간 불에서 15~20초간 따뜻하게 데워도 된다.

2 잔에 에스프레소 샷을 담고 우유를 조심히 붓는다.

2

카푸치노 Cappuccino

카푸치노는 에스프레소에 우유 거품을 풍성하게 올려 마시는 메뉴예요.
커피와 우유, 거품의 비율이 1 : 2 : 3인 것이 최적이랍니다.
풍성한 우유 거품을 위해서 레시피의 우유양을 넉넉하게 제시했어요.

1잔(230㎖, 8oz)

- 에스프레소 1샷(20㎖)
- 우유 90㎖(약 1/2컵)

1 우유거품기에 우유를 넣고 따뜻하게 돌린다.
  * 카푸치노는 부드럽고 풍성한 거품이 특징인만큼 우유거품기 사용을 추천한다.

2 잔에 거품이 들어가지 않도록 우유를 먼저 붓고 거품을 떠 올린다.

3 에스프레소 샷을 조심히 붓는다.

2-1

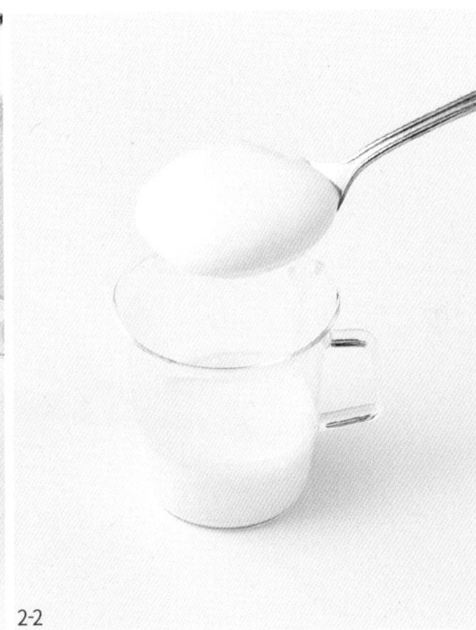

2-2

Tip 거품 위에 코코아파우더, 시나몬파우더, 오렌지 껍질 다진 것 등을 올려 즐겨보세요.

시나몬 콜드브루

군더더기 없이 갈끔한 맛의 콜드브루에 시나몬 향을 더했어요.
원두와 물의 비율은 1:3 또는 1:5로 기호에 따라 즐겨보세요.

1잔(370㎖, 13oz) / 냉장 3~5일
커피 우리기 5~8시간

- 분쇄된 원두 30g(6큰술)
- 차가운 생수 150㎖(3/4컵)
- 시나몬스틱 1개
- 얼음 적당량

1 공티백(또는 육수팩)에 분쇄된 원두를 넣는다.

2 밀폐용기에 ①의 티백, 차가운 생수, 시나몬스틱을 넣고 뚜껑을 덮어 냉장실에 5~8시간 넣어둔 후 원두, 시나몬스틱을 제거한다.

3 잔에 얼음을 담고 시나몬 콜드브루를 붓는다.
* 시나몬스틱으로 장식해도 좋다.

1

2

카페라테 Caffè Latte

커피와 우유를 넣어 마시는 카페라테는
아메리카노와 더불어 가장 사랑받는 커피지요.
우유를 저지방우유, 두유, 귀리우유 등으로 바꿔
기호에 맞게 즐겨보세요.

hot

1잔(230㎖, 8oz)

- 에스프레소 1샷(20㎖)
- 우유 150㎖(3/4컵)

1 우유를 전자레인지에 넣고 40~50초 또는 냄비에 넣어 중간 불에서 30~40초간 따뜻하게 데운다.

2 잔에 에스프레소 샷을 담고 우유를 붓는다.

2

ice

1잔(370㎖, 13oz)

- 에스프레소 1샷(20㎖)
- 차가운 우유 150㎖(3/4컵)
- 얼음 적당량

1 잔에 얼음을 담고 차가운 우유를 붓는다.

2 에스프레소 샷을 붓는다.

2

플랫화이트 Flat White

카페라테와 비슷한 듯 다른 플랫화이트는 호주에서 시작된 커피예요.
우유 거품이 납작하게 올라가는 모양에서 유래된 이름이랍니다.
우유 거품을 1cm 이하로 붓는 것이 포인트예요.

hot

1잔(230mℓ, 8oz)

- 에스프레소 1샷(20mℓ)
- 우유 90mℓ(6큰술)

1 우유거품기에 우유를 넣고 따뜻하게 돌린다.
2 잔에 거품이 들어가지 않도록 우유를 붓고 거품을 1cm 이하로 떠 올린다.
3 에스프레소를 조심히 붓는다.

2

ice

1잔(370mℓ, 13oz)

- 에스프레소 1샷(20mℓ)
- 우유 90mℓ(6큰술)
- 얼음 적당량

1 우유거품기에 우유를 넣고 차갑게 돌린다.
2 잔에 얼음을 담고 거품이 들어가지 않도록 우유를 붓는다.
3 에스프레소 샷을 붓는다.
4 거품을 1cm 이하로 떠 올린다.

3

바닐라 카페라테

달콤한 커피가 당길 때 많이 찾게 되는 메뉴지요.
직접 만든 시럽을 사용해 바닐라 향을 풍부하게 느낄 수 있는
'리얼' 바닐라 카페라테를 만나보세요.

hot

1잔(230mℓ, 8oz)

- 에스프레소 2샷(40mℓ)
- 바닐라시럽 15mℓ(17쪽, 1큰술)
- 헤이즐넛시럽 5mℓ(1작은술, 생략 가능)
- 우유 130mℓ(약 3/5컵)

1 우유를 전자레인지에 넣고 40~50초 또는 냄비에 넣어 중간 불에서 30~40초간 따뜻하게 데운다.
  * 우유거품기를 이용해도 된다.

2 잔에 바닐라시럽, 헤이즐넛시럽을 넣고 우유를 붓는다.

3 에스프레소 샷을 붓는다.

2

ice

1잔(370mℓ, 13oz)

- 에스프레소 2샷(40mℓ)
- 바닐라시럽 15mℓ(17쪽, 1큰술)
- 헤이즐넛시럽 5mℓ(1작은술, 생략 가능)
- 차가운 우유 130mℓ(약 3/5컵)
- 얼음 적당량

1 잔에 바닐라시럽, 헤이즐럿시럽, 우유를 넣고 섞는다.

2 얼음을 넣는다.

3 에스프레소 샷을 붓는다.

2

캐러멜 마키아토 Caramel Macchiato

'마키아토'는 이탈리아 커피 종류로 에스프레소에 우유 거품을 올린 커피를 말해요.
아이스 캐러멜 마키아토에는 우유 거품 대신 크림을 올려도 맛있답니다.

hot

1잔(230mℓ, 8oz)

- 에스프레소 2샷(40mℓ)
- 캐러멜시럽 15mℓ(17쪽, 1큰술)
- 우유 170mℓ(약 4/5컵)

장식
- 캐러멜시럽 약간
- 코코아파우더 약간

1 잔에 캐러멜시럽, 에스프레소 샷을 넣는다.

2 우유거품기에 우유를 넣고 따뜻하게 돌린 후 잔에 붓는다.
* 전자레인지에서 45초~1분, 냄비에 넣어 중간 불에서 40~50초간 따뜻하게 데워도 된다.

3 캐러멜시럽, 코코아파우더를 뿌린다.

2

ice

1잔(370mℓ, 13oz)

- 에스프레소 2샷(40mℓ)
- 캐러멜시럽 15mℓ(17쪽, 1큰술)
- 우유 170mℓ(약 4/5컵)
- 얼음 적당량

장식
- 캐러멜시럽 약간

1 잔에 얼음을 담고 캐러멜시럽을 넣는다.

2 우유거품기에 우유를 넣고 차갑게 돌린 후 잔에 붓는다. * 우유거품기가 없는 경우 우유를 바로 잔에 담는다.

3 에스프레소 샷을 조심히 붓고 캐러멜시럽을 뿌린다.

2

Tip 아이스 캐러멜 마키아토에 우유 거품 대신 카페 콘파냐(28쪽)에서 만든 크림을 올리면 더욱 달콤하고 풍부한 맛을 느낄 수 있어요.

카페모카 Cafe Mocha

카페모카는 에스프레소에 우유와 초콜릿을 넣은 커피예요.
72% 다크초콜릿으로 만든 수제 모카시럽을 더해 더욱 진한 맛을 느낄 수 있답니다.
이때 바닐라시럽을 약간 넣으면 풍미가 확 올라가요.

hot

1잔(230mℓ, 8oz)

- 에스프레소 2샷(40mℓ)
- 모카시럽 30mℓ(17쪽, 2큰술)
- 바닐라시럽 5mℓ(17쪽, 1작은술, 생략 가능)
- 우유 100mℓ(1/2컵)

1 잔에 모카시럽, 바닐라시럽을 넣고 섞는다.

2 우유를 전자레인지에 넣고 40~50초 또는 냄비에 넣어 중간 불에서 30~40초간 따뜻하게 데운 후 잔에 담는다.
* 우유거품기를 이용해도 된다.

3 에스프레소 샷을 조심히 붓는다.

2

ice

1잔(370mℓ, 13oz)

- 에스프레소 2샷(40mℓ)
- 모카시럽 30mℓ(17쪽, 2큰술)
- 바닐라시럽 5mℓ(17쪽, 1작은술, 생략 가능)
- 차가운 우유 100mℓ(1/2컵)
- 얼음 적당량

1 잔에 바닐라시럽, 우유를 넣고 섞은 후 얼음을 넣는다.

2 에스프레소 샷에 모카시럽을 넣고 섞은 후 잔에 붓는다.
* 모카시럽이 차가운 우유에는 잘 녹지 않으므로 에스프레소 샷과 섞는다.

2

돌체 카페라테

'돌체(Dolce)'는 이탈리아어로 달콤한, 부드러운이라는 뜻이에요.
스타벅스에서 '돌체라테'라는 이름으로 연유를 넣어 만든 커피를 선보인 후
인기를 끌며 유행하게 되었답니다.

hot

1잔(230mℓ, 8oz)

- 에스프레소 2샷(40mℓ)
- 연유 25mℓ(1과 2/3큰술)
- 우유 120mℓ(3/5컵)

1 우유를 전자레인지에 넣고 40~50초 또는 냄비에 넣어 중간 불에서 30~40초간 따뜻하게 데운다.
  * 우유거품기를 이용해도 된다.

2 잔에 연유를 넣고 우유를 붓는다.

3 에스프레소 샷을 붓는다.

2

ice

1잔(370mℓ, 13oz)

- 에스프레소 2샷(40mℓ)
- 차가운 우유 120mℓ(3/5컵)
- 연유 30mℓ(2큰술)
- 얼음 적당량

1 계량컵에 우유, 연유(15mℓ)를 넣고 섞는다.

2 잔 입구에 연유(15mℓ)를 바른 후 얼음을 담는다.
  * 잔 입구에 시럽을 바르면 커피가 흘러내리는 디자인을 연출할 수 있다. 이 과정을 생략하고 우유와 전부 섞어도 된다.

3 ①의 우유를 붓고 에스프레소 샷을 붓는다.

2

말차 카페라테

보통 말차와 우유를 섞어 말차라테로 많이 즐기는데, 여기에 커피를 더해
말차 카페라테로 즐겨도 매력있답니다. 말차는 일반 백설탕보다 유기농원당과 맛이 잘 어울려요.

hot

1잔(230mℓ, 8oz)

- 에스프레소 2샷(40mℓ)
- 우유 120mℓ(3/5컵)
- 말차가루 2g(2작은술, 또는 호지차가루)
- 유기농원당 16g(1과 1/3큰술, 또는 설탕)

장식
- 말차가루 약간

1 우유거품기에 우유, 말차가루, 유기농원당을 넣고 따뜻하게 돌린다.
* 전자레인지에서 40~50초, 냄비에 넣어 중간 불에서 30~40초간 따뜻하게 데워도 된다.

2 잔에 담고 에스프레소 샷을 조심히 붓는다.

3 말차가루를 뿌린다.

1

2

ice

1잔(370mℓ, 13oz)

- 에스프레소 2샷(40mℓ)
- 우유 130mℓ(약 3/5컵)
- 말차가루 3g(3작은술, 또는 호지차가루)
- 유기농원당 24g(2큰술, 또는 설탕)
- 얼음 적당량

장식
- 말차가루 약간

1 우유거품기에 우유, 말차가루, 유기농원당을 넣고 차갑게 돌린다.
* 우유거품기 대신 핸드블렌더나 거품기로 재료를 섞어도 된다.

2 잔에 얼음을 담고 ①을 붓는다.

3 에스프레소 샷을 조심히 붓고 말차가루를 뿌린다.

2

민트초코 카페라테

민초파를 위한 스페셜 커피를 소개해요.
페퍼민트 밀크티와 모카시럽을 사용해
고급스럽고 은은한 민트초코 맛을 느낄 수 있답니다.

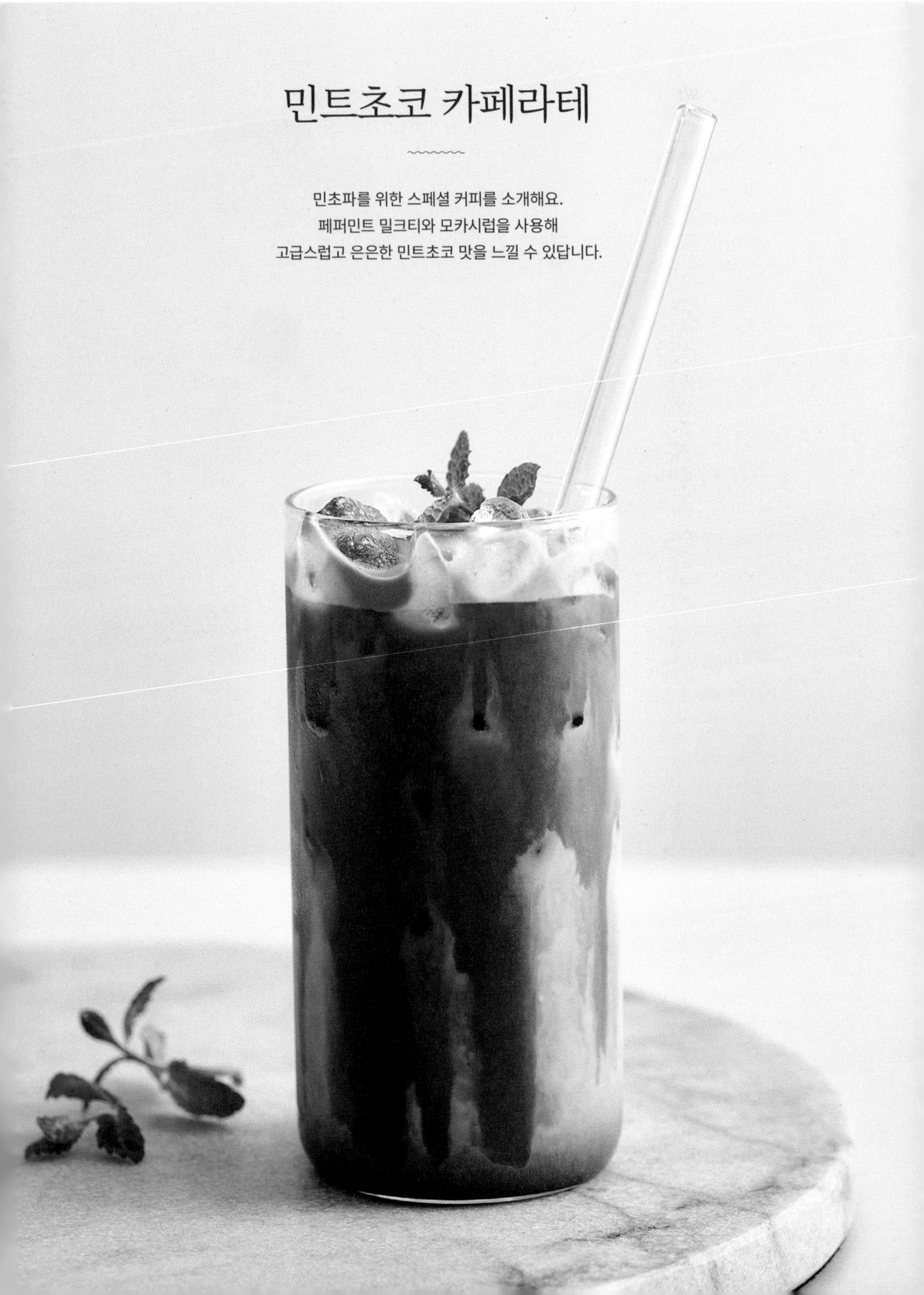

1잔(370mℓ, 13oz)

- 에스프레소 2샷(40mℓ)
- 모카시럽 30mℓ(17쪽, 2큰술)
- 얼음 적당량

페퍼민트 밀크티
- 우유 250mℓ(1과 1/4컵)
- 유기농원당 9g(3/4큰술, 또는 설탕)
- 페퍼민트티 6g(3작은술, 티백 3개)

장식
- 애플민트 약간

1. 우유(150mℓ)를 전자레인지에 넣고 20~25초 돌려 40~45°C로 데운 후 밀폐용기에 담는다.
2. 페퍼민트티, 유기농원당을 넣고 1~2분간 젓는다.
   * 저어주면 향이 더 잘 우러난다.
3. 남은 우유(100mℓ)를 넣고 섞은 후 뚜껑을 덮어 냉장실에 12시간 이상 넣어 티를 우린다.
4. 고운 망에 찻잎을 거른다.
5. 잔에 얼음을 담고 ④의 페퍼민트 밀크티 100mℓ(1/2컵)를 붓는다.
6. 계량컵에 에스프레소 샷, 모카시럽을 섞은 후 잔에 붓는다.

2

4

5

6

제품 추천 **스티븐스미스 No.45 페퍼민트 리브스**
상쾌한 페퍼민트티에 은은하게 감도는 초콜릿향이 매력적이에요.
온라인에서 구입할 수 있습니다.

큐브 카페라테

아이스 음료를 만들 때 커피 얼음을 사용하면
마시는 내내 계속 진한 맛을 느낄 수 있어요. 평소에 에스프레소 얼음을 얼려두면
우유만 부어 간편하게 라테를 즐길 수 있답니다.

1잔(370mℓ, 13oz)
얼음 얼리기 5시간

- 에스프레소 2샷(40mℓ)
- 생수 60mℓ(4큰술)
- 차가운 우유 200mℓ(1컵)
- 바닐라시럽 20mℓ(17쪽, 1과 1/3큰술)

1 에스프레소 샷에 생수를 넣고 섞은 후 얼음 틀에 부어 얼린다.

2 계량컵에 우유, 바닐라시럽을 넣고 섞는다.

3 잔에 에스프레소 얼음을 담고 ②의 우유를 붓는다.

1

2

아포가토 Affogato, 플로팅 카페라테

아이스크림을 이용한 두 가지 커피 메뉴예요.
바닐라 아이스크림에 에스프레소를 부어 먹는 이탈리아 디저트 아포가토와
카페라테에 아이스크림이 떠 있는 모양의 플로팅(Floating) 카페라테입니다.

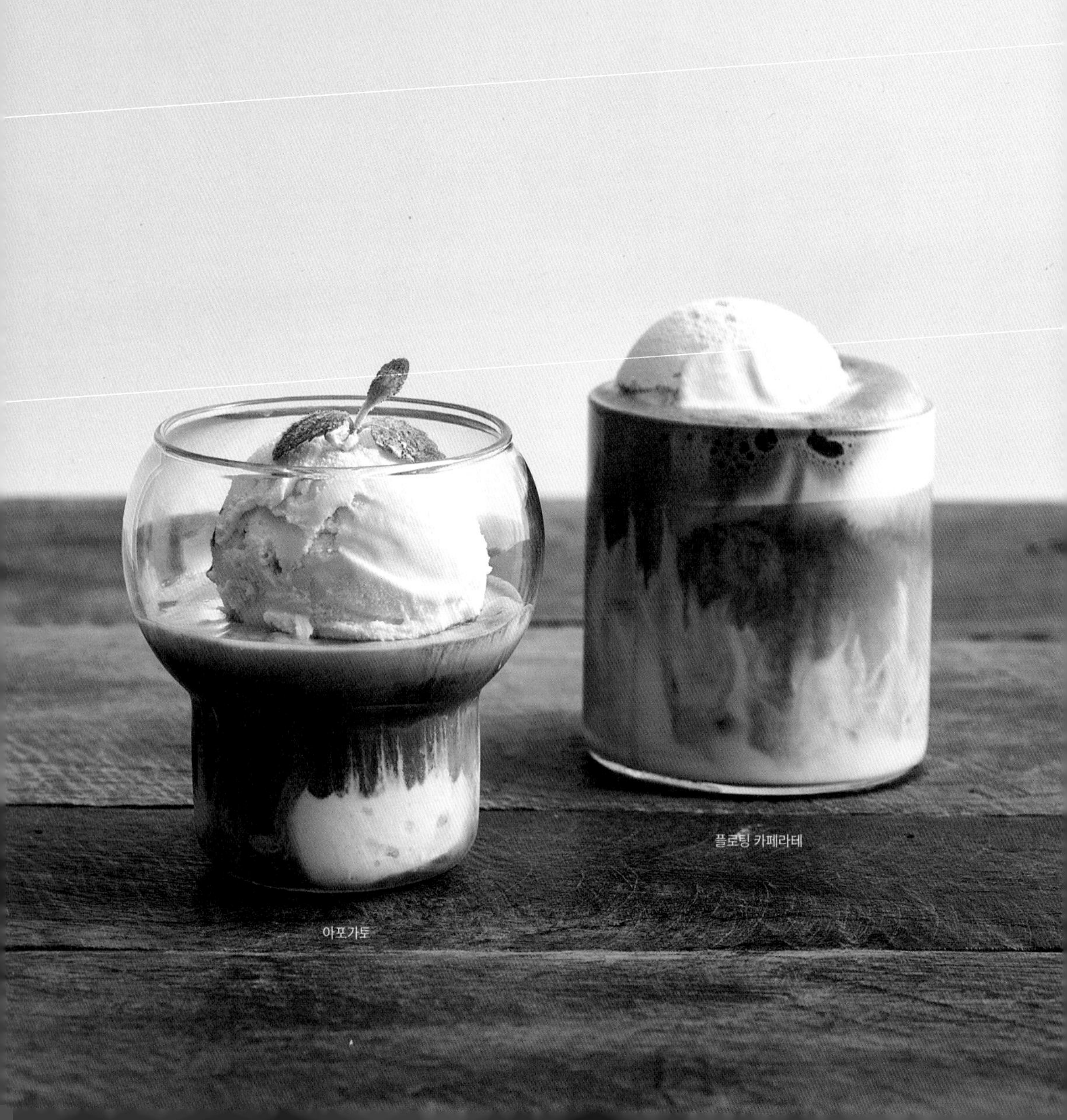

아포가토

플로팅 카페라테

아포가토

1잔(280mℓ, 10oz)

- 에스프레소 2샷(40mℓ)
- 바닐라 아이스크림 200g(약 2스쿱)

장식
- 애플민트 약간

1 잔에 아이스크림을 담는다.

2 에스프레소 샷을 붓고 애플민트로 장식한다.

2

플로팅 카페라테

1~2잔(470mℓ, 16oz)

- 에스프레소 2샷(40mℓ)
- 바닐라 아이스크림 50g(약 1/2스쿱)
- 우유 100mℓ(1/2컵)
- 바닐라시럽 10mℓ(17쪽, 2작은술)
- 얼음 적당량

1 잔에 얼음을 담고 아이스크림을 올린다.

2 우유거품기에 우유, 바닐라시럽을 넣고 차갑게 돌린 후 잔에 붓는다.
* 우유거품기 대신 차가운 우유에 바닐라시럽을 넣고 섞어도 된다.

3 에스프레소 샷을 붓는다.

2

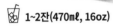

바닐라 프라푸치노, 자바칩 프라푸치노

프라푸치노(Frappuccino)는 커피와 우유, 크림 등을 얼음과 함께 갈아 만든 음료로
스타벅스의 대표 메뉴예요. 프라푸치노를 만들 때 중요한 것은 바로 믹서!
초고속 믹서를 사용해야 분리되지 않고 얼음 입자가 고운 프라프치노가 완성됩니다.

자바칩 프라프치노

바닐라 프라프치노

바닐라 프라푸치노

1잔(370㎖, 13oz)

- 에스프레소 2샷(40㎖)
- 바닐라시럽 60㎖(17쪽, 4큰술)
- 우유 100㎖(1/2컵)
- 얼음 150g(약 1컵)

장식
- 코코아파우더 약간

1 믹서에 모든 재료를 넣고 간다.

2 잔에 담고 코코아파우더를 뿌린다.

1

자바칩 프라푸치노

1잔(370㎖, 13oz)

- 에스프레소 2샷(40㎖)
- 청크초코칩 30g(2큰술)
- 바닐라시럽 40㎖(17쪽, 2와 2/3큰술)
- 우유 100㎖(1/2컵)
- 얼음 150g(약 1컵)

장식
- 초코시럽 약간(18쪽)
- 청크초코칩 약간

1 믹서에 모든 재료를 넣고 곱게 간다.

2 잔 안쪽에 초코시럽을 바른다.
* 잔 안쪽에 시럽을 바르면 시럽이 흘러내리는 디자인을 연출할 수 있다. 이 과정을 생략해도 된다.

3 잔에 ①의 프라프치노를 담고 청크초코칩으로 장식한다.

2

Tip 청크초코칩은 큐브 모양의 초콜릿으로 잘 녹지 않고 씹는 맛이 좋아 장식용으로 많이 사용돼요. 온라인에서 구입할 수 있어요.

더티커피 Dirty Coffee

지저분해 보일수록 매력적인 감성 가득 커피예요.
달콤한 첫맛과 달리 코코아파우더의 쌉싸래한 맛이 여운을 남긴답니다.
크림과 코코아파우더를 찻잔에 넘치도록 잔뜩 뿌려도 좋아요.

1잔(120mℓ, 4oz)

- 에스프레소 2샷(40mℓ)
- 설탕 5g(약 1/2큰술)
- 코코아파우더 적당량

크림

- 생크림 50g(1/4컵)
- 휘핑크림 50g(1/4컵)
- 설탕 10g(약 1큰술)

1 볼에 크림 재료를 넣고 핸드믹서나 거품기를 이용해 거품기를 들었을 때 크림이 흘러내린 자국이 남을 정도의 농도로 휘핑한다.

2 잔에 설탕, 에스프레소 샷을 넣고 섞은 후 코코아파우더를 넉넉하게 뿌린다.

3 잔에 숟가락을 담가 에스프레소를 묻힌 후 숟가락 뒷면을 이용해 잔의 테두리에 에스프레소를 바른다.

4 다시 코코아파우더를 뿌린 후 ①의 크림 50~60g을 붓는다.
* 크림은 기호에 따라 더 넣어도 된다.
남은 크림은 밀폐한 후 냉장 보관(2일)한다.

1

2

3

4

에스프레소 크림라테

우유 거품 대신 달콤한 크림을 올린 커피예요.
처음부터 섞지 않고 그대로 반 정도 마시다가 섞어 먹는 것을 추천해요.

1잔(230mℓ, 8oz)

- 에스프레소 2샷(40mℓ)
- 바닐라시럽 10mℓ(17쪽, 2작은술)
- 차가운 우유 100mℓ(1/2컵)

크림

- 휘핑크림 70mℓ(4와 2/3큰술)
- 생크림 35mℓ(2와 1/3큰술)
- 바닐라에센스 1방울
- 설탕 4g(1작은술)
- 핑크솔트 2g(1/2작은술)

장식

- 코코아파우더 약간

1 볼에 크림 재료를 넣고 주르륵 흐르는 정도까지 핸드믹서나 거품기로 휘핑한다.

2 잔에 바닐라시럽, 우유를 넣고 섞는다.
⋆ 진한 맛을 위해 얼음을 넣지 않는 것을 추천하지만, 얼음을 넣을 경우 이 과정에서 넣고 더 큰 잔을 사용한다.

3 ①의 크림 70g을 올린다.

4 에스프레소 샷을 붓고 코코아파우더를 뿌린다.
⋆ 크림은 기호에 따라 더 넣어도 된다.
남은 크림은 밀폐한 후 냉장 보관(2일)한다.

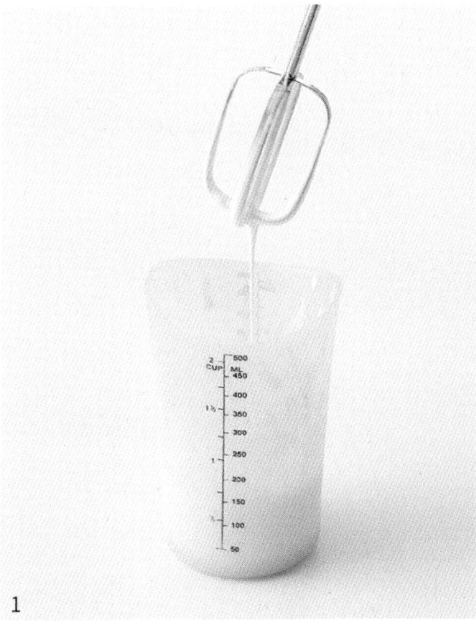

1

3

Tip 핑크솔트는 히말라야 산맥에서 채취하는 소금으로 일반 소금과 달리 감칠맛 등 다른 맛을 가지고 있지 않고 깔끔한 짠맛을 내기 때문에 음료를 만들 때 사용하기 적합해요.

피넛 크림라테

단짠의 정석! 중독성 최고인 피넛 크림라테를 소개합니다.
피넛크림은 조금 더 되직하게 휘핑해서 빵에 찍어 먹어도 맛있어요.

hot

1잔(230mℓ, 8oz)

- 에스프레소 2샷(40mℓ)
- 우유 100mℓ(1/2컵)
- 바닐라시럽 15mℓ(17쪽, 1큰술)

피넛크림
- 생크림 30mℓ(2큰술)
- 휘핑크림 15mℓ(1큰술)
- 바닐라시럽 5mℓ(17쪽, 1작은술)
- 설탕 6g(1/2큰술)
- 피넛버터 12g(1큰술)

장식
- 다진 땅콩 약간

1 볼에 피넛크림 재료를 넣고 주르륵 흐르는 정도까지 핸드믹서나 거품기로 휘핑한다.

2 우유를 전자레인지에 넣고 40~50초 또는 냄비에 넣어 중간 불에서 30~40초간 따뜻하게 데운다.

3 잔에 우유, 바닐라시럽을 넣고 섞은 후 ①의 피넛크림 60g을 올린다.

4 에스프레소 샷을 조심히 붓고 다진 땅콩을 올린다.
* 크림은 기호에 따라 더 넣어도 된다.
남은 크림은 밀폐한 후 냉장 보관(2일)한다.

3

ice

1잔(230mℓ, 8oz)

- 에스프레소 2샷(40mℓ)
- 차가운 우유 100mℓ(1/2컵)
- 바닐라시럽 15mℓ(17쪽, 1큰술)

피넛크림
- 생크림 30mℓ(2큰술)
- 휘핑크림 15mℓ(1큰술)
- 바닐라시럽 5mℓ(17쪽, 1작은술)
- 설탕 6g(1/2큰술)
- 피넛버터 12g(1큰술)

1 볼에 피넛크림 재료를 넣고 주르륵 흐르는 정도까지 핸드믹서나 거품기로 휘핑한다.

2 잔에 우유, 바닐라시럽을 넣고 섞는다.
* 진한 맛을 위해 얼음을 넣지 않는 것을 추천하지만, 얼음을 넣을 경우 이 과정에서 넣고 더 큰 잔을 사용한다.

3 ①의 크림 60g을 올린 후 에스프레소 샷을 조심히 붓는다.
* 크림은 기호에 따라 더 넣어도 된다.
남은 크림은 밀폐한 후 냉장 보관(2일)한다.

1

헤이즐넛 크림라테

수제 헤이즐넛잼으로 만들어 달지 않고 진한 맛이 일품이랍니다.
크림라테는 크림이 묽어질 수 있으므로 얼음을 넣지 않는 것을 추천해요.

hot

1잔(230mℓ, 8oz)

- 에스프레소 2샷(40mℓ)
- 우유 100mℓ(1/2컵)
- 헤이즐넛시럽 15mℓ(1큰술)

헤이즐넛크림

- 생크림 40mℓ(2와 2/3큰술)
- 휘핑크림 30mℓ(2큰술)
- 헤이즐넛시럽 10mℓ(2작은술)
- 설탕 12g(1큰술)
- 헤이즐넛잼 12g(18쪽, 1큰술)

장식

- 다진 헤이즐넛 약간(또는 다른 견과류)

1 볼에 헤이즐넛크림 재료를 넣고 주르륵 흐르는 정도까지 핸드믹서나 거품기로 휘핑한다.

2 우유를 전자레인지에 넣고 40~50초 또는 냄비에 넣어 중간 불에서 30~40초간 따뜻하게 데운다.

3 잔에 우유, 헤이즐넛시럽을 넣고 섞은 후 ①의 헤이즐넛크림 60g을 올린다.

4 에스프레소 샷을 조심히 붓고 다진 헤이즐넛을 올린다.
* 크림은 기호에 따라 더 넣어도 된다.
남은 크림은 밀폐한 후 냉장 보관(2일)한다.

ice

1잔(230mℓ, 8oz)

- 에스프레소 2샷(40mℓ)
- 차가운 우유 100mℓ(1/2컵)
- 헤이즐넛시럽 15mℓ(1큰술)

헤이즐넛크림

- 생크림 40mℓ(2와 2/3큰술)
- 휘핑크림 30mℓ(2큰술)
- 헤이즐넛시럽 10mℓ(2작은술)
- 설탕 12g(1큰술)
- 헤이즐넛잼 12g(18쪽, 1큰술)

1 볼에 헤이즐넛크림 재료를 넣고 주르륵 흐르는 정도까지 핸드믹서나 거품기로 휘핑한다.

2 잔에 헤이즐넛시럽, 우유를 넣고 섞는다.
* 진한 맛을 위해 얼음을 넣지 않는 것을 추천하지만, 얼음을 넣을 경우 이 과정에서 넣고 더 큰 잔을 사용한다.

3 ①의 헤이즐넛크림 60g을 올린 후 에스프레소 샷을 조심히 붓는다.
* 크림은 기호에 따라 더 넣어도 된다.
남은 크림은 밀폐한 후 냉장 보관(2일)한다.

1

3

솔트슈페너

블랙커피에 크림을 얹은 커피를 '아인슈페너(Einspänner)'라고 해요.
우리나라에는 영어권 명칭인 '비엔나커피'라고도 많이 알려져 있지요.
요즘은 다양한 크림커피에 슈페너라는 이름을 붙인답니다.
솔트슈페너는 깔끔한 콜드브루에 달콤 짭조름한 솔트크림을 얹은 커피입니다.
커피와 크림을 섞지 않고 마시는 것을 추천해요.

1잔(370mℓ, 13oz)

- 콜드브루 60mℓ(27쪽, 또는 에스프레소 2샷)
- 차가운 생수 50mℓ(1/4컵)
- 얼음 적당량

솔트크림

- 생크림 60mℓ(4큰술)
- 휘핑크림 30mℓ(2큰술)
- 설탕 8g(2작은술)
- 크림치즈 14g(2작은술)
- 핑크솔트 약간(또는 소금)
- 바닐라에센스 1방울

1 볼에 솔트크림 재료를 넣고 주르륵 흐르는 정도까지 핸드믹서나 거품기로 휘핑한다.

2 잔에 얼음을 넣고 차가운 생수, 콜드브루를 붓는다.

3 ①의 솔트크림 80g을 올린다.
⋆ 크림은 기호에 따라 더 넣어도 된다.
남은 크림은 밀폐한 후 냉장 보관(2일)한다.

1

3

Tip 핑크솔트는 히말라야 산맥에서 채취하는 소금으로 일반 소금과 달리 감칠맛 등 다른 맛을 가지고 있지 않고 깔끔한 짠맛을 내기 때문에 음료를 만들 때 사용하기 적합해요.

얼그레이슈페너

얼그레이 밀크티와 커피를 섞은 음료에
얼그레이크림까지 얹어 향을 진하게 느낄 수 있어요.
크림을 만들기 번거롭다면 밀크티와 에스프레소만 섞어 마셔도 맛있답니다.

hot

1잔(230mℓ, 8oz)

- 에스프레소 2샷(40mℓ)
- 얼그레이 밀크티 100mℓ(90쪽, 1/2컵)

얼그레이크림
- 휘핑크림 60mℓ(4큰술)
- 얼그레이티 6g(3작은술, 티백 3개)
- 생크림 120mℓ(3/5컵)
- 설탕 16g(1과 1/3큰술)

장식
- 얼그레이티 약간

1 냄비에 휘핑크림, 얼그레이 티백을 넣고 약불에서 김이 날 때까지 끓인 후 냉장실에 넣어 식힌다.

2 티백을 제거한 후 생크림, 설탕을 넣고 주르륵 흐르는 정도까지 핸드믹서나 거품기로 휘핑한다.

3 얼그레이 밀크티를 전자레인지에 넣고 40~50초간 따뜻하게 데운다.

4 잔에 얼그레이 밀크티를 붓고 ②의 얼그레이크림 70g을 담는다.

5 에스프레소 샷을 붓고 얼그레이 가루를 뿌린다.
* 크림은 기호에 따라 더 넣어도 된다.
남은 크림은 밀폐한 후 냉장 보관(2일)한다.

ice

1잔(230mℓ, 8oz)

- 에스프레소 2샷(40mℓ)
- 차가운 얼그레이 밀크티 100mℓ(90쪽, 1/2컵)

얼그레이크림
- 휘핑크림 60mℓ(4큰술)
- 얼그레이티 6g(3작은술, 티백 3개)
- 생크림 120mℓ(3/5컵)
- 설탕 16g(1과 1/3큰술)

1 냄비에 휘핑크림, 얼그레이 티백을 넣고 약불에서 김이 날 때까지 살짝 끓인 후 냉장실에 넣어 식힌다.

2 티백을 제거한 후 생크림, 설탕을 넣고 주르륵 흐르는 정도까지 핸드믹서나 거품기로 휘핑한다.

3 잔에 차가운 얼그레이 밀크티를 담는다.
* 진한 맛을 위해 얼음을 넣지 않는 것을 추천하지만, 얼음을 넣을 경우 이 과정에서 넣고 더 큰 잔을 사용한다.

4 ②의 얼그레이크림 70g을 담고 에스프레소 샷을 붓는다.
* 크림은 기호에 따라 더 넣어도 된다.
남은 크림은 밀폐한 후 냉장 보관(2일)한다.

1

4

핑크슈페너

한끗 다른 차이가 카페의 시그니처 음료를 만들지요.
핑크색 크림 만드는 법은 메뉴 컨설팅에서 자주 받는 질문 중 하나랍니다.
색소 양 조절에 유의하세요.

1잔(370mℓ, 13oz)

- 콜드브루 60mℓ(27쪽, 또는 에스프레소 2샷)
- 차가운 생수 50mℓ(1/4컵)
- 얼음 적당량

핑크크림

- 휘핑크림 70mℓ(4와 2/3큰술)
- 생크림 35mℓ(2와 1/3큰술)
- 바닐라에센스 1방울
- 설탕 8g(2작은술)
- 핑크솔트 약간
- 핑크색 식용색소 약간

장식

- 식용 꽃 1개(또는 핑크솔트 약간)

1 볼에 핑크크림 재료를 넣고 주르륵 흐르는 정도까지 핸드믹서나 거품기로 휘핑한다.
* 색소는 사진 정도로 아주 약간만 사용한다.

2 잔에 얼음을 넣고 차가운 생수, 콜드브루를 붓는다.

3 ①의 핑크크림 80g을 넣고 식용 꽃으로 장식한다.
* 크림은 기호에 따라 더 넣어도 된다.
남은 크림은 밀폐한 후 냉장 보관(2일)한다.

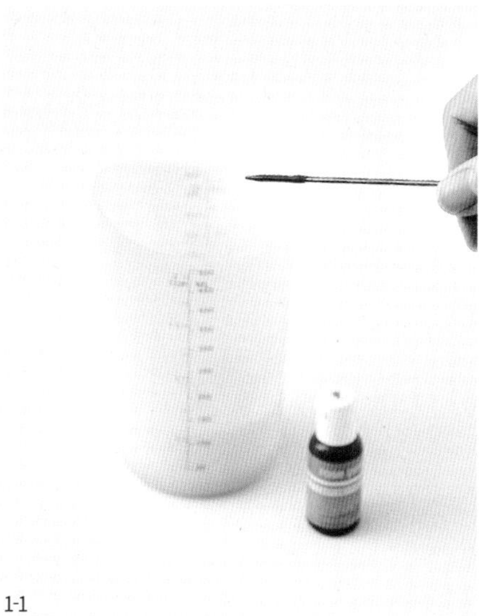

1-1

1-2

Tip 핑크솔트는 히말라야 산맥에서 채취하는 소금으로 일반 소금과 달리 감칠맛 등 다른 맛을 가지고 있지 않고 깔끔한 짠맛을 내기 때문에 음료를 만들 때 사용하기 적합해요.

제품 추천 **셰프마스터 로즈핑크**
여러 핑크색을 테스트한 결과 셰프마스터의 로즈핑크 컬러가 가장 색이 예쁘게 나왔어요. 인터넷에서 구입할 수 있습니다.

Chapter 2

라테 • 밀크티 • 요거트

우유와 유제품으로 만드는 다양한 음료

우유와 유제품을 사용한 논커피(Non Coffee) 음료를 소개해요. '라테(Làtte)'는 우유를 뜻하는 이탈리아 말로, 음료 이름에 이 단어가 들어가면 우유가 들어간 메뉴라고 생각하면 됩니다. 대부분 과일이나 차에 우유를 더한 음료로 아이들이 마시기에도 좋아요.

Latte, Milk tea & Yogurt

딸기라테,
망고라테

생과일로 만드는 프레시한 과일 우유예요. 담는 방법에 따라 여러 가지 디자인을 만들 수 있답니다.
우유를 우유거품기에 돌려서 사용하면 좀 더 부드럽게 즐길 수 있어요.

딸기라테

망고라테

딸기라테

1~2잔(470㎖, 16oz)
청 숙성하기 3시간

- 딸기 50g(약 1/2컵)
- 설탕 30g(2와 1/2큰술)
- 차가운 우유 180㎖(4/5컵)
- 생크림 10㎖(2작은술, 또는 연유)
- 얼음 적당량

장식
- 딸기 슬라이스 3~4개

1 딸기를 으깨듯이 다진 후
설탕을 넣고 완전히 녹인다.
냉장실에 넣고 3시간 이상 숙성한다.

2 잔에 얼음을 담은 후 우유, 생크림을 넣고 섞는다.
* 우유거품기에 우유, 생크림을 넣고
차갑게 돌려도 된다.

3 ①의 딸기청을 넣고 딸기 슬라이스로 장식한다.

1

망고라테

1~2잔(470㎖, 16oz)

- 망고 70g(과육만, 약 1/2개분, 또는 복숭아)
- 설탕 12g(1큰술)
- 차가운 우유 180㎖(4/5컵)
- 생크림 15㎖(1큰술, 또는 연유)
- 얼음 적당량

장식
- 허브 약간(애플민트, 로즈마리, 타임 등)

1 믹서에 망고, 설탕을 넣고 곱게 간다.
* 냉동 망고를 사용할 경우
믹서에 갈지 않고 포크로 으깨도 된다.

2 잔에 ①의 망고청 2/3분량을 넣고 얼음을 담는다.

3 우유거품기에 우유, 생크림, 나머지 망고청을
넣고 차갑게 돌린다. 잔에 담고 허브로 장식한다.
* 다른 잔에 우유, 생크림, 망고청을 섞어
②의 잔에 부어도 된다.

3

Tip 각각 딸기베이스, 망고베이스(101쪽)를 사용해도 좋아요. 베이스를 사용할 경우 이 레시피에서 과일과 설탕을 제외하고, 딸기베이스는 70㎖(4와 2/3큰술), 망고베이스는 60㎖(4큰술) 넣어요.

오렌지라테, 블루베리라테

오렌지와 블루베리는 우유보다 요거트와의 조합이 더 익숙할 거예요. 하지만 우유와도 생각보다 잘 어울린답니다. 오렌지는 속껍질을 제거하고 과육만 사용해야 깔끔해요.

오렌지라테

블루베리라테

오렌지라테

1~2잔(470mℓ, 16oz)
청 숙성하기 3시간

- 오렌지 70g(껍질 포함, 약 1/3개, 또는 자몽)
- 설탕 28g(2와 1/3큰술)
- 차가운 우유 180mℓ(4/5컵)
- 연유 5mℓ(1작은술)
- 얼음 적당량

1 오렌지는 껍질을 벗긴 후 과육만 발라낸다.

2 오렌지에 설탕을 넣고 완전히 녹인 후 냉장실에 넣어 3시간 이상 숙성한다.

3 잔에 우유, 연유를 넣고 섞은 후 얼음을 담는다.
* 우유거품기에 우유, 연유를 넣고 차갑게 돌려도 된다.

4 ②의 오렌지청을 넣는다.

1

블루베리라테

1~2잔(470mℓ, 16oz)
청 숙성하기 3시간

- 블루베리 60g(약 1/2컵)
- 설탕 24g(2큰술)
- 차가운 우유 180mℓ(4/5컵)
- 연유 20mℓ(1과 1/3큰술)
- 얼음 적당량

장식
- 블루베리 2~3개
- 허브 약간(애플민트, 로즈마리, 타임 등)

1 블루베리를 다진 후 설탕을 넣고 완전히 녹인다. 냉장실에 넣고 3시간 이상 숙성한다.

2 잔에 ①의 블루베리청 2/3분량을 넣고 얼음을 담는다.

3 우유거품기에 우유, 연유, 나머지 블루베리청을 넣고 차갑게 돌린다. 잔에 담고 블루베리, 허브로 장식한다.
* 다른 잔에 우유, 연유, 블루베리청을 섞어 ②의 잔에 부어도 된다.

1

3

Tip 각각 오렌지베이스(101쪽), 블루베리베이스(102쪽)를 사용해도 좋아요.
베이스를 사용할 경우 이 레시피에서 과일과 설탕을 제외하고, 베이스는 60mℓ(4큰술) 넣어요.

말차라테

말차라테의 쌉싸래하고 향긋한 맛을 잘 살리려면 말차가루의 선택이 중요해요.
설탕 대신 연유를 더하면 훨씬 부드럽게 즐길 수 있답니다.

hot

1잔(280mℓ, 10oz)

- 말차가루 3g(약 1작은술, 또는 호지차가루)
- 연유 25mℓ(1과 2/3큰술)
- 따뜻한 물 20mℓ(1과 1/3큰술)
- 우유 190mℓ(약 1컵)

1 따뜻한 물에 말차가루, 연유를 넣고 차선(13쪽, 또는 거품기)으로 푼다.

2 우유거품기에 우유를 넣고 따뜻하게 돌린 후 잔에 담는다.
⋆ 전자레인지에서 45초~1분, 냄비에 넣어 중간 불에서 40~50초간 따뜻하게 데워도 된다.

3 잔에 ①의 말차를 붓고 말차가루를 약간 뿌린다.

1

ice

1~2잔(470mℓ, 16oz)

- 말차가루 3g(약 1작은술, 또는 호지차가루)
- 연유 30mℓ(2큰술)
- 따뜻한 물 20mℓ(1과 1/3큰술)
- 차가운 우유 190mℓ(약 1컵)
- 얼음 적당량

1 따뜻한 물에 말차가루, 연유를 넣고 차선(13쪽, 또는 거품기)으로 푼다.

2 우유거품기에 우유를 넣고 차갑게 돌린다.
⋆ 우유거품기가 없는 경우 이 과정을 생략한다.

3 잔에 얼음을 담고 ②의 우유를 붓는다.

4 ①의 말차를 붓고 말차가루를 약간 뿌린다.

4

Tip 녹차를 분쇄해서 고운 가루로 만든 것이 말차, 녹차를 로스팅해서 구수한 맛이 나는 것이 호지차예요.

제품 추천 **다도레 말차가루**
어린 녹차잎을 증기에 찌고 말린 후 분쇄한 가루예요. 다도레 제품은 특유의 비릿한 향이나 떫은맛이 없고 맛이 부드러워 추천해요.

캐모마일라테

향긋한 캐모마일과 우유가 만난 '티라테'예요. 캐모마일과 잘 어울리는 사과, 시나몬을 더해 풍부한 맛을 냈답니다. 자기 전 따뜻하게 한잔 마시면 잠이 솔솔 올 거예요.

1잔(370㎖, 13oz)

- 캐모마일티 2g(1작은술, 티백 1개)
- 사과베이스 30㎖(102쪽, 2큰술)
- 따뜻한 물 150㎖(3/4컵)
- 우유 100㎖(1/2컵)
- 시나몬가루 약간

장식

- 캐모마일티 약간

1 잔에 사과베이스의 건더기를 제외한 액체, 캐모마일티, 따뜻한 물을 넣고 3분간 우린다.

2 우유거품기에 우유, 시나몬가루를 넣고 따뜻하게 돌린다.
⋆ 전자레인지에서 40~50초, 냄비에 넣어 중간 불에서 30~40초간 따뜻하게 데워도 된다.

3 ①의 잔에 ②를 붓고 캐모마일티로 장식한다.
⋆ 그대로 마시거나 섞어서 마신다.

1

3

Tip 사과베이스가 없다면 사과 50g(1/4개)을 착즙기로 착즙하거나 강판 또는 푸드프로세서에 간 후 면포에 넣고 즙만 짠 다음 설탕 20g(약 1과 2/3큰술)을 넣고 섞어서 사용해요.

제품 추천 **스티븐스미스 No.67 메도우**
캐모마일 베이스에 루이보스, 장미꽃, 린덴꽃 등의 꽃잎이 섞여 있어 향긋해요. 온라인에서 구입할 수 있습니다.

곡물라테

곡물라테의 포인트는 맛있는 곡물가루를 사용하는 거예요.
견과류를 더하면 식사대용으로도 든든하답니다.
따뜻하게 마시는 걸 추천해요.

1잔(370㎖, 13oz)

- 생식가루 1봉(30g, 또는 미숫가루)
- 우유 200㎖(1컵)
- 꿀 15㎖(1큰술)

장식

- 견과류 부순 것 약간
  (호두, 아몬드, 헤이즐넛 등)

1 우유거품기에 우유, 생식가루, 꿀을 넣고
따뜻하게 돌린다.
* 전자레인지에서 45초~1분, 냄비에 넣어
중간 불에서 40~50초간 따뜻하게 데워도 된다.

2 잔에 담고 견과류 부순 것을 올린다.

1

2

제품 **이롬 뉴밀플러스**

추천 60여 가지 국내산 농산물이 들어있어 건강하고 맛이 구수해요.
온라인에서 구입할 수 있습니다.

단호박라테

단호박을 전자레인지에 익혀서 사용하면 생각보다 간단하게 만들 수 있어요.
가을 제철 단호박으로 만들면 꿀을 따로 넣지 않아도 될 정도로 달콤하답니다.
당도가 높은 호박고구마나 자색고구마를 푹 익혀 대체해도 돼요.

1잔(280mℓ, 10oz)

- 미니 단호박 110g
  (약 1/2개, 또는 고구마 1/2개)
- 우유 120mℓ(3/5컵)
- 유기농원당 6g(1/2큰술, 또는 설탕)
- 꿀 10g(1/2큰술, 단호박 당도에 따라 가감)

장식

- 호박씨 약간
- 딜 약간

1 미니 단호박의 씨를 제거한다.

2 전자레인지 용기에 미니 단호박, 물(1큰술)을 넣고 랩을 씌워 전자레인지에 2분~2분 30초간 익힌다.

3 단호박의 껍질을 깨끗이 제거한다.
* 껍질을 깨끗하게 제거해야 음료의 색이 예쁘다.

4 믹서에 단호박, 우유, 유기농원당, 꿀을 넣고 곱게 간다.

5 잔에 담고 호박씨, 딜로 장식한다.
* 더 따뜻하게 마시고 싶다면 전자레인지에 30~40초 정도 돌린다.

3

4

Tip 생크림 1큰술을 넣고 갈면 더 부드럽게 즐길 수 있어요.

큐브 쑥라테

쑥얼음 덕분에 마시는 내내 진한 맛을 즐길 수 있어요.
얼음 모양에 따라 음료의 느낌이 달라지니
다양한 모양으로 나만의 큐브라테를 만들어보세요.

1잔(370㎖, 13oz)
쑥얼음 얼리기 8시간

- 쑥가루 3g(2/3작은술)
- 설탕 8g(2/3큰술)
- 따뜻한 물 70㎖(약 1/3컵)
- 우유 200㎖(1컵)
- 연유 10㎖(2작은술)

1 따뜻한 물에 쑥가루, 설탕을 넣고 차선(13쪽, 또는 거품기)으로 푼다.

2 얼음틀에 ①을 붓고 냉동실에 넣어 얼린다.
* 얼음틀에 ①을 1/2 정도 붓고 완전히 얼었을 때 포크로 3~4번 긁은 후 우유를 부어 다시 얼리면 사진과 같은 색의 얼음을 만들 수 있다.

3 잔에 쑥얼음을 담는다.

4 다른 잔에 우유, 연유를 섞은 후 ③에 붓는다.

1

4

Tip 따뜻하게 마실 경우 얼음을 만드는 대신 우유거품기에 전체 재료를 넣고 따뜻하게 돌리거나 과정 ①까지 진행한 후 우유, 연유와 섞어 전자레인지에서 45초~1분, 냄비에 넣어 중간 불에서 40~50초간 데워요.

홍삼라테

가을 겨울 스페셜 음료로 추천하는 메뉴예요.
요즘은 편의점에서도 홍삼스틱을 판매하기 때문에
쉽고 간편하게 만들 수 있답니다.

1잔(280㎖, 10oz)

- 홍삼액 10g(홍삼스틱 1포)
- 우유 200㎖(1컵)
- 유기농원당 12g
  (1큰술, 또는 꿀 1과 1/2큰술)

1 우유거품기에 홍삼액, 우유, 유기농원당을 넣고 따뜻하게 돌린다. 이때 홍삼액을 장식용으로 조금 남겨둔다.
* 전자레인지에서 45초~1분, 냄비에 넣어 중간 불에서 40~50초간 따뜻하게 데워도 된다.

2 잔에 담는다.

3 홍삼액 1~2방울을 넣고 저어 모양을 낸다.

1

3

바닐라밀크

수제 바닐라시럽으로 만들어 맛과 향이 진한 바닐라밀크예요.
달콤하고 따뜻한 바닐라밀크 한 잔이면 마음까지 사르르 녹는 기분이랍니다.

hot

1잔(280mℓ, 10oz)

- 우유 190mℓ(약 1컵)
- 생크림 15mℓ(1큰술)
- 바닐라시럽 30mℓ(17쪽, 2큰술)
- 헤이즐넛시럽 10mℓ(2작은술, 생략 가능)

장식

- 코코아파우더 약간
- 허브 약간(애플민트, 로즈마리, 타임 등)

1 우유거품기에 우유, 생크림, 바닐라시럽, 헤이즐넛시럽을 넣고 따뜻하게 돌린다.
* 전자레인지에서 45초~1분, 냄비에 넣어 중간 불에서 40~50초간 따뜻하게 데워도 된다.

2 잔에 담고 코코아파우더, 허브로 장식한다.

1

ice

1~2잔(470mℓ, 16oz)

- 차가운 우유 190mℓ(약 1컵)
- 바닐라시럽 20mℓ(17쪽, 1과 1/3큰술)
- 헤이즐넛시럽 10mℓ(2작은술, 생략 가능)
- 얼음 적당량

장식

- 허브 약간(애플민트, 로즈마리, 타임 등)

1 우유거품기에 우유, 바닐라시럽, 헤이즐넛시럽을 넣고 차갑게 돌린다.
* 우유거품기 대신 차가운 우유에 시럽을 넣고 섞어도 좋다.

2 잔에 얼음을 담고 ①의 바닐라밀크를 붓는다. 허브로 장식한다.

2

블랙 밀크티, 페퍼민트 밀크티, 얼그레이 밀크티

홍차에 우유를 넣어 마시는 밀크티는 영국에서 시작된 티 문화예요. 보통 티를 먼저 우린 후 우유와 혼합하는 방법을 많이 사용하는데, 우유에 바로 우리는 방법으로 만들면 훨씬 진한 풍미를 느낄 수 있어요. 베이직한 밀크티를 원한다면 블랙티를, 색다른 향이 있는 밀크티를 원한다면 페퍼민트나 얼그레이티를 선택하세요.

블랙 밀크티

페퍼민트 밀크티

얼그레이 밀크티

1잔(230㎖, 8oz)
티 우리기 12시간

- 우유 250㎖(1과 1/4컵)
- 유기농원당 9g(3/4큰술, 또는 설탕)

블랙 밀크티
- 홍차 6g(3작은술, 티백 3개)

페퍼민트 밀크티
- 페퍼민트티 6g(3작은술, 티백 3개)

얼그레이 밀크티
- 얼그레이티 6g(3작은술, 티백 3개)

1 우유(150㎖)를 전자레인지에 넣고 20~25초 돌려 40~45°C로 데운 후 밀폐용기에 담는다.

2 원하는 티, 유기농원당을 넣고 1~2분간 젓는다.
* 저어주면 향이 더 잘 우러난다.

3 남은 우유(100㎖)를 넣고 섞은 후 뚜껑을 덮어 냉장실에 12시간 이상 넣어 티를 우린다.

4 고운 망에 찻잎을 걸러 잔에 담는다.
* 따뜻하게 마실 경우 전자레인지에서 45초~1분, 냄비에 넣어 중간 불에서 40~50초간 데운다.

2

4

제품 추천

마리아쥬 프레르 웨딩 임페리얼(홍차)
캐러멜과 초콜릿의 달콤한 향이 더해져 있어 아주 고급스러워요.

스티븐스미스 No.45 페퍼민트 리브스
상쾌한 페퍼민트티에 은은하게 감도는 초콜릿향이 매력적이에요.

트와이닝 얼그레이
좋은 품질과 가격대로 얼그레이티 중 가장 많이 사용되는 제품이에요.

차이티

차이티는 인도에서 마시는 밀크티로
여러 가지 향신료를 넣어 끓이는 것이 특징이에요.
가정에서는 간편하게 생강만 더해도
색다른 맛의 차이티를 즐길 수 있답니다.

1잔(370mℓ, 13oz)

- 홍차 6g(3작은술, 티백 3개)
- 우유 180mℓ(약 1컵)
- 유기농원당 18g(약 1과 1/2큰술, 또는 설탕)
- 물 150mℓ(3/4컵)
- 슬라이스 생강 5g(1톨)

1 냄비에 물, 생강을 넣고 중약 불에서 끓으면
약불로 줄여 5분간 끓인다.
불을 끄고 10분간 그대로 둔다.
* 생강 맛이 부담스럽다면 찬물에 담갔다가 사용한다.

2 ①의 냄비에 우유, 홍차, 유기농원당을 넣고
중약 불에서 끓이다가 완전히 끓기 직전에 불을 끈다.

3 홍차, 생강을 건지고 잔에 담는다.

1

2

Tip 계피, 통후추, 팔각, 정향, 카다멈 등 향신료를 기호에 맞게 더해 끓이면 더 이국적으로 즐길 수 있어요.

레몬 오렌지요거트,
딸기 요거치노

오렌지요거트에 레몬맛 젤라또를 올려 상큼한 맛을 배가시켜 먹는 재미를 줬어요.
'요거치노'는 믹서에 얼음과 함께 갈아서 만드는 음료로, 요거트를 갈았을 때 생기는 거품이 카푸치노와 닮았다고 해서 붙여진 이름이에요.

딸기 요거치노

레몬 오렌지요거트

레몬 오렌지요거트

1~2잔(470㎖, 16oz)

- 레몬맛 젤라또 100g(약 1스쿱, 생략 가능)
- 오렌지베이스 100㎖(101쪽, 1/2컵)
- 마시는 요거트 150㎖(3/4컵, 가당 플레인)
- 얼음 적당량

장식
- 오렌지 슬라이스 1개(또는 다른 감귤류)
- 허브 약간(애플민트, 로즈마리, 타임 등)

1 잔에 오렌지베이스를 넣고 얼음을 담는다.

2 레몬맛 젤라또를 올린 후 마시는 요거트를 붓는다.

3 오렌지 슬라이스, 허브로 장식한다.

2

딸기 요거치노

1~2잔(470㎖, 16oz)

- 냉동 딸기 50g(과육만, 약 1/2컵)
- 설탕 60g(5큰술)
- 마시는 요거트 150㎖(3/4컵, 가당 플레인)
- 얼음 적당량

장식
- 허브 약간(애플민트, 로즈마리, 타임 등)

1 믹서에 냉동 딸기, 설탕, 마시는 요거트, 얼음을 넣고 곱게 간다.

2 잔에 담고 허브로 장식한다.

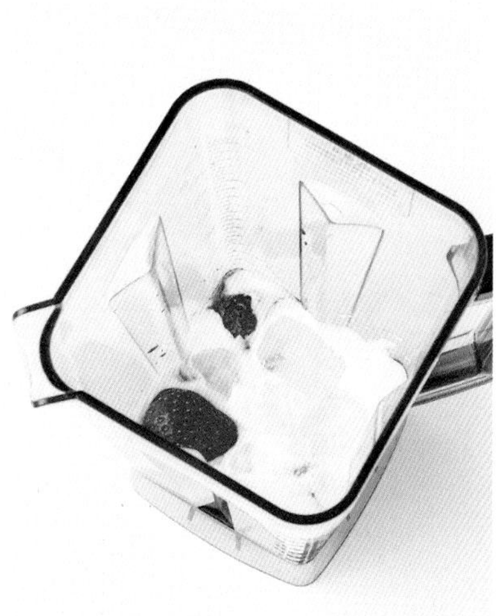

1

Tip 각각 생과일 오렌지, 딸기베이스(101쪽)를 사용해도 좋아요.
오렌지를 사용할 경우 오렌지 3/4개의 껍질과 속껍질을 제거해 알맹이 100g을 분리한 후
설탕 100g을 섞어 사용해요. 딸기베이스를 사용할 경우 이 레시피에서 딸기와 설탕을 제외하고,
베이스는 100㎖(1/2컵) 넣어요.

와인 블루베리요거트, 망고 요거치노

와인과 블루베리는 맛이 잘 어울려요. 와인맛 젤라또를 구하기 어려울 경우에는 딸기맛으로 대체해도 괜찮습니다. 망고요거트는 더 진한 맛을 위해 망고 과육과 베이스를 함께 사용했는데, 베이스는 생략해도 괜찮아요.

망고 요거치노

와인 블루베리요거트

와인 블루베리요거트

1~2잔(470㎖, 16oz)

- 냉동 블루베리 70g(약 2/3컵)
- 와인맛 젤라또 200g(약 2스쿱,
  또는 딸기맛, 생략 가능)
- 마시는 요거트 150㎖(3/4컵, 가당 플레인)
- 얼음 70g(약 1/2컵)

1 믹서에 냉동 블루베리, 마시는 요거트, 얼음을 넣고 곱게 간다.

2 잔에 와인맛 젤라또를 넣은 후 ①을 붓는다.

망고 요거치노

1~2잔(470㎖, 16oz)

- 냉동 망고 150g(과육만, 약 1과 1/2컵)
- 망고베이스 50㎖(101쪽, 1/4컵, 또는 냉동 망고)
- 마시는 요거트 150㎖(3/4컵, 가당 플레인)
- 얼음 70g(약 1/2컵)

장식
- 망고 슬라이스 2개
- 허브 약간(애플민트, 로즈마리, 타임 등)

1 믹서에 냉동 망고, 마시는 요거트, 얼음을 넣고 곱게 간다.

2 잔을 기울여 ①을 담은 후 망고베이스를 넣는다.

3 망고 슬라이스, 허브로 장식한다.

2

1

Tip 망고 요거치노의 망고베이스를 생략할 경우 냉동 망고의 양을 170g(약 1과 2/3컵)으로 늘리고, 설탕을 30g(약 2와 1/2큰술) 추가해요.

Chapter 3

에이드 · 블렌딩티

과일베이스를 활용하는 시원한 에이드와 따뜻한 티

이번 챕터에서 소개하는 에이드와 블렌딩티는 미리 만들어놓은 과일베이스를 사용하는 음료예요. 과일베이스에 탄산수를 더하면 에이드가, 티와 조합하면 블렌딩티가 된답니다. 계절마다 제철 과일을 사용해 과일베이스를 만들어두고 활용하세요.

Ade & Blending tea

과일베이스 만들기

맛있는 과일 음료의 비법은 맛있는 베이스에 있습니다. 만드는 방법을 보면 과일에 설탕을 넣고 절이는 '과일청'과 같지만 음료에 적합하게 재료를 손질하고 당도를 조절했습니다. 과일베이스는 에이드와 블렌딩티 외에도 다양한 음료에 활용할 수 있어요. 대부분 일주일 정도 보관이 가능하며, 보관 기간을 늘리기 위해서 병 소독(17쪽)을 필수로 해주세요.

Step 1 재료 썰기

재료를 써는 모양에 따라 음료의 디자인과 식감이 달라져요. 재료의 특성에 따라, 취향에 따라 재료를 손질해요.

1 사방 0.5cm 크기로 썰기
(딸기, 망고 등 무른 과일)

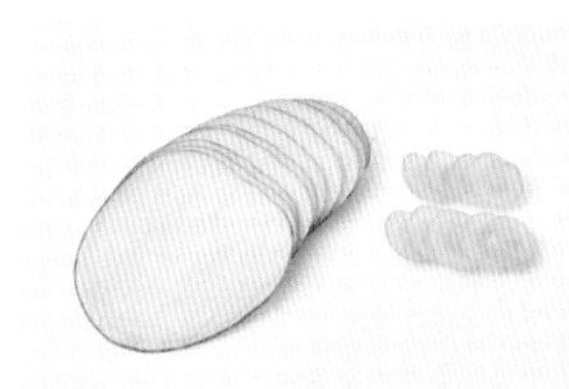

2 얇게 슬라이스하기
(사과, 청포도 등 단단한 과일)

3 웨지 모양으로 썰기
(레몬, 라임 등 감귤류)

4 다지기
(블루베리, 대추 등 껍질이 있는 과일)

Step 2 설탕 녹이기

손질한 재료에 설탕과 기타 재료를 넣고 섞어요. 설탕이 투명해질 때까지 완전히 녹여야 해요.

딸기베이스 · 망고베이스

딸기 200g(약 10개, 또는 망고 1개), 설탕 200g(1과 1/3컵), 레몬즙 10g(2작은술)

1 딸기(또는 망고) 1/2분량은 사방 0.5cm 크기로 썰고, 나머지 1/2분량은 믹서에 갈거나 완전히 다진다.

2 소독한 병에 모든 재료를 넣고 과육이 부서지지 않도록 섞는다. 설탕을 완전히 녹인 후 병에 담아 냉장실에서 5일간 숙성한다.

* 활용 음료 딸기 셔벗에이드(108쪽), 레드 비타민에이드(120쪽), 딸기 히비스커스티(126쪽), 망고 요거치노(96쪽)

오렌지베이스 · 자몽베이스

오렌지 200g(껍질 포함, 1개, 또는 자몽 1/2개), 설탕 200g(1과 1/3컵), 레몬즙 10g(2작은술)

1 오렌지는 사진과 같이 과육만 분리한다.

2 소독한 병에 모든 재료를 넣고 섞는다. 설탕을 완전히 녹인 후 냉장실에서 5일간 숙성한다.

* 활용 음료 레몬 오렌지요거트(94쪽), 오렌지에이드(110쪽), 프루트 오렌지티(126쪽), 레이디 오렌지티(132쪽), 자몽에이드(116쪽), 얼그레이 자몽티(136쪽)

레몬베이스

레몬 200g(껍질 포함, 2개), 설탕 260g(약 1과 2/3컵)

1 레몬은 오렌지베이스 과정 ①의 사진을 참고해 과육만 분리한다.

2 소독한 병에 모든 재료를 넣고 섞는다. 설탕을 완전히 녹인 후 냉장실에서 5일간 숙성한다.

* 활용 음료 레몬에이드(110쪽), 그린 비타민에이드(120쪽), 레드 비타민에이드(120쪽), 레몬그린티(128쪽), 레몬생강차(200쪽)

유자베이스

유자 200g(껍질 포함, 1~2개), 설탕 220g(약 1과 1/5컵)

1 유자는 반으로 썰어 씨를 제거한 후 껍질은 채 썰고, 속은 다진다.

2 소독한 병에 모든 재료를 넣고 섞는다. 설탕을 완전히 녹인 후 냉장실에서 5일간 숙성한다.

* 활용 음료 유자 페퍼민트티(130쪽)

청귤베이스

청귤 200g(껍질 포함, 2~3개),
설탕 200g(약 1과 1/3컵), 레몬즙 5g(1작은술)

1 청귤 150g은 껍질째 웨지 모양(100쪽)으로 썰고, 50g은 껍질을 제거한 후 스퀴저로 착즙한다.
2 소독한 병에 모든 재료를 넣고 섞는다. 설탕을 완전히 녹인 후 냉장실에서 5일간 숙성한다.

* **활용 음료** 청귤에이드(118쪽)

사과베이스

사과 200g(껍질 포함, 1개), 설탕 200g
(약 1과 1/3컵), 레몬즙 15g(3작은술)

1 사과 100g은 껍질째 얇게 슬라이스하고, 100g은 착즙기에 착즙한다.
  * 슬라이서를 이용하면 편하다. 착즙기 대신 강판이나 푸드프로세서에 간 후 면포에 넣고 짜도 좋다.
2 소독한 병에 모든 재료를 넣고 섞는다. 설탕을 완전히 녹인 후 냉장실에서 5일간 숙성한다.

* **활용 음료** 캐모마일라테(78쪽),
애플에이드(114쪽), 시나몬 애플에이드(114쪽),
캐모마일 애플티(134쪽)

청포도베이스

청포도 200g(20알), 설탕 200g(약 1과 1/3컵),
레몬즙 10g(2작은술)

1 청포도는 반으로 썰어 씨를 제거한다. 100g은 얇게 슬라이스하고, 100g은 믹서에 곱게 간다.

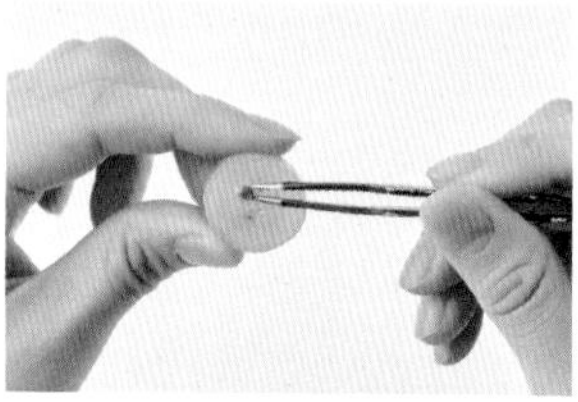

2 소독한 병에 모든 재료를 넣고 섞는다. 설탕을 완전히 녹인 후 냉장실에서 5일간 숙성한다.

* **활용 음료** 청포도에이드(118쪽)

블루베리베이스

블루베리 200g(약 2컵, 또는 냉동 블루베리),
설탕 200g(약 1과 1/3컵), 레몬즙 15g(3작은술)

1 블루베리는 굵게 다진다.
2 소독한 병에 모든 재료를 넣고 섞는다. 설탕을 완전히 녹인 후 냉장실에서 5일간 숙성한다.

* **활용 음료** 블루베리라테(74쪽)

코코넛 멜론베이스

멜론 200g(과육만, 약 1/10통),
음료용 코코넛젤리 75g(5큰술, 생략 가능),
설탕 200g(약 1과 1/3컵), 레몬즙 10g(2작은술)

1 멜론은 껍질과 씨를 제거한다.
단단한 과육은 사방 0.5cm 크기로 썰고,
부드러운 과육은 믹서에 곱게 간다.

2 소독한 병에 모든 재료를 넣고 섞는다. 설탕을 완전히 녹인 후 냉장실에서 5일간 숙성한다.

* **활용 음료** 코코 멜론에이드(112쪽)

Tip 음료용 코코넛젤리는 코코넛즙을 발효해 만든 것으로 5mm나 8mm 크기로 구입하면 돼요. 온라인에서 구입할 수 있어요.

알로에 키위베이스

키위 200g(껍질 포함, 2개), 음료용 알로에펄 30g(2큰술, 생략 가능), 설탕 200g(약 1과 1/3컵), 레몬즙 10g(2작은술)

1 키위는 껍질을 벗긴 후 사방 0.5cm 크기로 썬다.

2 소독한 병에 모든 재료를 넣고 섞는다. 설탕을 완전히 녹인 후 냉장실에서 5일간 숙성한다.

* **활용 음료** 알로에 키위에이드(112쪽), 그린 비타민에이드(120쪽), 키위 베리티(130쪽)

Tip 음료용 알로에펄은 알로에 과육을 가공해 만든 것으로 에이드, 요거트, 빙수 등의 토핑으로 사용해요. 온라인에서 구입할 수 있어요.

패션프루트베이스

패션프루트 200g(껍질 포함, 3~4개),
설탕 200g(약 1과 1/3컵), 레몬즙 10g(2작은술)

1 패션프루트는 반으로 썰어 과육을 발라낸다.

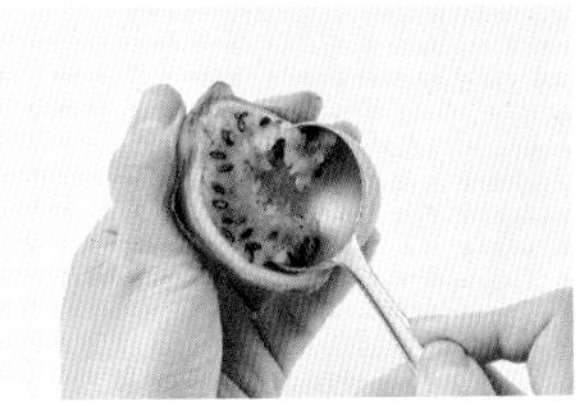

2 소독한 병에 모든 재료를 넣고 섞는다.
설탕을 완전히 녹인 후 냉장실에서 5일간 숙성한다.

* **활용 음료** 패션프루트 체리에이드(116쪽), 패션프루트티(134쪽), 패션프루트 망고스무디(144쪽)

Tip 패션프루트는 새콤한 맛이 매력적인 열대과일로 '백향과'라고도 해요. 요즘은 국내에서도 재배된답니다. 온라인에서 구입할 수 있어요.

오미자베이스

오미자 200g(약 2컵), 설탕 220g(약 1과 2/5컵)

1 오미자는 줄기에서 알만 분리한 후 설탕을 넣어 섞는다.

2 실온에서 1~2일간 설탕을 완전히 녹인 후 소독한 병에 넣고 냉장실에서 100일간 숙성한다.

3 체에 걸러 건더기는 제거하고 오미자액만 병에 담는다.

* **활용 음료** 논알코올 오미자 상그리아(160쪽), 오미자화채(198쪽)

바질 토마토베이스

방울토마토 200g(13~14개), 바질 10g(1컵),
설탕 120g(약 4/5컵), 레몬즙 10g(2작은술)

1 방울토마토는 끓는 물에 넣어 4~5개 정도 껍질이 벗겨지면 전부 건져서 찬물에 담가 껍질을 벗긴다.

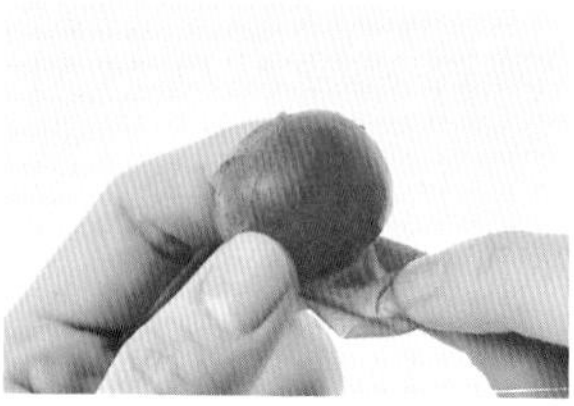

2 바질은 1~1.5cm 길이로 썬다.

3 소독한 병에 모든 재료를 넣고 섞는다. 설탕을 완전히 녹인 후 냉장실에서 5일간 숙성한다.

* **활용 음료** 바질 토마토에이드(122쪽)

토마토 매실베이스

방울토마토 200g(13~14개),
매실청 80~100g(5~7큰술)

1 방울토마토는 끓는 물에 넣어 4~5개 정도 껍질이 벗겨지면 전부 건져서 찬물에 담가 껍질을 벗긴다.

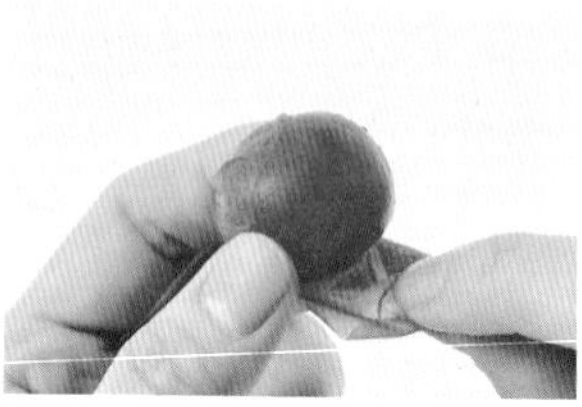

2 소독한 병에 모든 재료를 넣고 섞은 후 냉장실에서 3일간 숙성한다.

* **활용 음료** 토마토 매실에이드(122쪽)

수삼 대추베이스

수삼 100g(10뿌리), 대추 40g(8개), 배 30g(1~2조각),
설탕 220g(약 1과 2/5컵), 꿀 10g(2작은술)

1 수삼의 몸통 부분은 얇게 슬라이스하고, 뿌리 부분은 다진다.

2 대추를 펼쳐서 씨를 제거한 후 곱게 다지고, 배는 착즙기에 착즙한다. * 착즙기 대신 강판이나 푸드프로세서에 간 후 면포에 넣고 짜도 좋다.

3 소독한 병에 모든 재료를 넣고 섞는다. 설탕을 완전히 녹인 후 냉장실에서 10일간 숙성한다.

* **활용 음료** 수삼 대추에이드(124쪽)

생강베이스

생강 200g(약 40톨), 설탕 280g(약 1과 4/5컵)

1 생강은 착즙한 후 냉장실에서 1일간 숙성한다.
* 착즙기 대신 강판이나 푸드프로세서에 간 후 면포에 넣고 짜도 좋다.

2 가라앉은 녹말은 제외하고 윗부분의 맑은 물만 따라낸다.
* 녹말을 분리하면 생강 특유의 텁텁함이 제거된다.

3 소독한 병에 녹말을 제거한 생강즙, 설탕을 넣고 완전히 녹인 후 냉장실에서 30일간 숙성한다.

* **활용 음료** 생강차(200쪽), 레몬생강차(200쪽)

에이드 탄산수 고르기

과일베이스에 탄산수를 부으면 톡 쏘는 맛의 에이드가 완성돼요. 이때 핵심은 바로 탄산수. 브랜드마다 탄산의 세기는 물론 맛도 미묘하게 달라서 어떤 탄산수를 사용하는지에 따라 에이드의 맛이 달라집니다. 아래 네 가지를 추천하니 상황에 따라 선택하세요.

웅진 빅토리아
탄산이 부드럽고
맛의 밸런스가 좋은 제품.
카페에서 많이 사용해요.

페리에
맛이 좋고 탄산이 적당해요.
판매 단가가 높아
업장보다 홈카페에 적합합니다.

일화 초정탄산수
국내 제품 중 탄산이
강한 편으로 20~30대
젊은 층에서 선호해요.

싱하
태국 브랜드의 탄산수로
시중에 판매하는 탄산수 중
가장 탄산이 강해요.

티 알아보기

과일베이스와 어울리는 차를 함께 우리는 것을 '블렌딩티'라고 불러요. 티만 마시는 것보다 훨씬 다채롭고 진한 맛을 느낄 수 있답니다. 예를 들어 녹차는 레몬베이스, 홍차는 자몽이나 오렌지베이스, 캐모마일티는 사과베이스와 블렌딩하면 잘 어울려요.

티의 종류

1 형태에 따른 분류

잎차
찻잎의 모양을 그대로 보존하고 있는 형태예요. 차나무에서 잎을 딴 후 말리거나 볶거나 찌거나 발효시켜서 만듭니다. 차 본연의 향을 가장 진하게 느낄 수 있어요.

티백
편의를 위해 잎차를 주머니에 담은 것을 말해요. 별다른 도구 없이 언제 어디서나 티를 마실 수 있지요. 찻잎을 잘게 부숴서 넣은 경우는 잎차보다 빨리 우러나는 장점이 있어요.

가루차
찻잎을 말려 가루로 만든 차로, 대표적으로는 녹차를 가루로 만든 '말차'가 있어요. 가루 형태이기 때문에 물이 아닌 우유 등에 녹이거나 음식에 더할 때 적합해요.

2 재료 · 가공법에 따른 분류

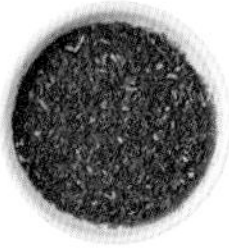

녹차
찻잎을 채취한 후 바로 덖거나 찌는 등 열을 가해 발효를 억제한 차로 녹색 빛을 띱니다.

홍차
찻잎을 발효시킨 차로 우렸을 때 붉은 색을 띱니다. 동양에서는 '홍차', 서양에서는 '블랙티'라고 불러요.

가향차
찻잎에 꽃이나 과일 등으로 맛과 향을 더한 차를 말해요. 19세기 영국 얼그레이 백작이 베르가못 오일을 넣어 만든 '얼그레이'가 대표적인 가향차이지요.

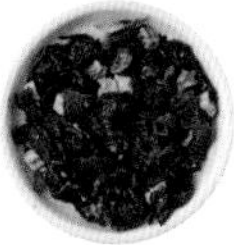

허브차
찻잎이 아닌 향이 나는 식물, 즉 허브를 이용해 만든 차예요. 흔히 알고 있는 라벤더, 히비스커스, 페퍼민트, 캐모마일 등이 여기에 속해요.

티에 따른 물의 온도

녹차 75~85°C
240~400mℓ 기준
3분 미만으로 우려요

홍차 89~97°C
240~400mℓ 기준
5분 미만으로 우려요

허브차 97~100°C
240~400mℓ 기준
5분 미만으로 우려요

잎차 우리는 법

방법 1 **공티백에 담기**

공티백 또는 다시백에 찻잎을 넣고 따뜻한 물에 넣어 우려요. 공티백이나 다시백은 마트에서도 쉽게 구입할 수 있어요.

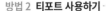

방법 2 **티포트 사용하기**

티포트의 거름망에 찻잎을 넣고 뜨거운 물을 부어 차를 우려요.

딸기셔벗에이드

셔벗으로 특별함을 더한 에이드예요. 모양도 예쁘고 마시는 도중 싱거워지지 않아 좋답니다.
물론 번거롭다면 셔벗을 생략해도 괜찮습니다.

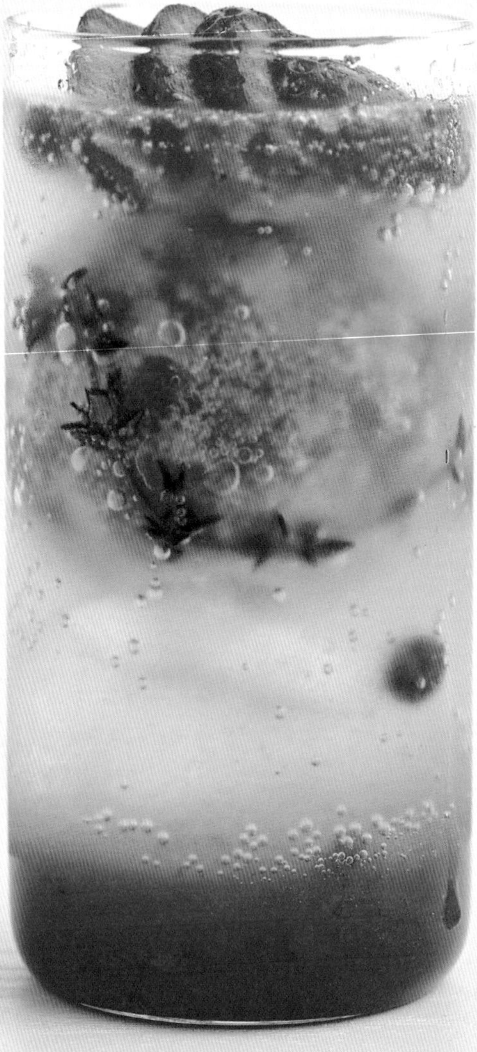

1~2잔(470㎖, 16oz)

- 딸기베이스 60㎖(101쪽, 4큰술)
- 탄산수 190㎖(1캔, 약 1컵)
- 얼음 적당량

딸기셔벗

- 딸기베이스 40㎖(101쪽, 2와 2/3큰술)
- 생수 100㎖(1/2컵)

장식

- 허브 약간(애플민트, 로즈마리, 타임 등)
- 딸기 슬라이스 3~4개
  (또는 레드커런트, 석류알 등)

1 냉동 용기에 딸기셔벗 재료를 넣고 섞은 후 냉동실에서 얼린다. 4~5시간 후 50% 정도 얼었을 때 포크로 표면을 긁어준다.
* 중간에 포크로 긁으면 셔벗이 부드럽게 언다.

2 잔에 딸기베이스, 얼음 1/2분량을 담는다.

3 ①의 딸기셔벗을 1스쿱 올리고 허브를 넣는다.

4 나머지 얼음을 넣고 탄산수를 붓는다.

5 딸기 슬라이스를 올린다.

1

3

Tip 딸기셔벗을 생략할 경우 딸기베이스의 양을 100㎖(1/2컵)로 늘려요.

오렌지에이드, 레몬에이드

'에이드'하면 가장 먼저 떠오르는 대표적인 두 가지 음료예요.
노란색 계열의 음료에는 빨간색 장식을 더하면 더욱 멋스럽게 연출할 수 있답니다.

오렌지에이드

1~2잔(470mℓ, 16oz)

- 오렌지베이스 100mℓ(101쪽, 1/2컵)
- 탄산수 190mℓ(1캔, 약 1컵)
- 얼음 적당량

장식
- 오렌지 슬라이스 1개(또는 다른 감귤류)
- 허브 약간(애플민트, 로즈마리, 타임 등)
- 레드커런트 약간(또는 석류알)

1 잔에 오렌지베이스를 넣고 얼음을 담는다.

2 사진과 같이 오렌지 슬라이스, 허브를 넣는다.

3 탄산수를 붓고 레드커런트로 장식한다.

2

레몬에이드

1~2잔(470mℓ, 16oz)

- 레몬베이스 90mℓ(101쪽, 6큰술)
- 탄산수 190mℓ(1캔, 약 1컵)
- 얼음 적당량

장식
- 레몬 1조각
- 라임 1조각
- 허브 약간(애플민트, 로즈마리, 타임 등)

1 잔에 레몬베이스를 넣고 얼음을 담는다.

2 얼음 사이에 레몬, 라임 조각을 넣는다.

3 탄산수를 붓고 허브로 장식한다.

2

알로에 키위에이드, 코코 멜론에이드

키위나 멜론은 향이 진하지 않기 때문에 단독으로 음료를 만들기엔 다소 아쉬운 느낌이 있어요.
키위베이스와 멜론베이스에 각각 알로에와 코코넛을 넣어보세요.
씹는 맛이 더해져 더욱 맛있고 특별해집니다.

알로에 키위에이드

1~2잔(470mℓ, 16oz)

- 알로에 키위베이스 100mℓ(103쪽, 1/2컵)
- 탄산수 190mℓ(1캔, 약 1컵)
- 얼음 적당량

장식

- 허브 약간(애플민트, 로즈마리, 타임 등)

1 잔에 얼음을 넣는다.

2 알로에 키위베이스를 담는다.

3 탄산수를 붓고 허브로 장식한다.

2

코코 멜론에이드

1~2잔(470mℓ, 16oz)

- 코코넛 멜론베이스 100mℓ(103쪽, 1/2컵)
- 탄산수 190mℓ(1캔, 약 1컵)
- 얼음 적당량

장식

- 멜론 1조각
- 허브 약간(애플민트, 로즈마리, 타임 등)

1 잔에 얼음을 넣는다.

2 코코넛 멜론베이스를 담는다.

3 탄산수를 붓고 멜론 조각, 허브로 장식한다.

2

애플에이드, 시나몬 애플에이드

사과를 슬라이스 해서 만든 사과베이스의 장점을 십분 활용한 메뉴예요.
잔에 담았을 때 사과의 구불구불한 모양도 예쁘고 건져 먹는 재미도 있답니다.

애플에이드

시나몬 애플에이드

애플에이드

1~2잔(470mℓ, 16oz)

- 사과베이스 100mℓ(102쪽, 1/2컵)
- 탄산수 190mℓ(1캔, 약 1컵)
- 얼음 적당량

장식
- 레드커런트 약간(또는 석류알)

1 잔에 사과베이스의 건더기를 제외한 액체(100mℓ)를 넣고 얼음을 담는다.

2 얼음 사이에 사과베이스의 건더기(사과 슬라이스) 4~5개를 끼워 넣는다.

3 탄산수를 붓고 레드커런트로 장식한다.

2

시나몬 애플에이드

1~2잔(470mℓ, 16oz)

- 사과베이스 90mℓ(102쪽, 6큰술)
- 시나몬시럽 10mℓ(18쪽, 2작은술)
- 탄산수 190mℓ(1캔, 약 1컵)
- 얼음 적당량

장식
- 시나몬스틱 1개
- 레드커런트 약간(또는 석류알)
- 허브 약간(애플민트, 로즈마리, 타임 등)

1 잔에 사과베이스의 건더기를 제외한 액체(90mℓ), 시나몬시럽을 넣는다.

2 얼음을 담고 얼음 사이에 사과베이스의 건더기(사과 슬라이스) 4~5개를 끼워 넣는다.

3 탄산수를 붓고 시나몬스틱, 레드커런트, 허브로 장식한다.

1

자몽에이드,
패션프루트 체리에이드

에이드는 맛 만큼이나 디자인이 중요해요. 음료와 대비되는 색의 재료를
장식로 사용하면 한층 먹음직스러운 비주얼이 된답니다.

패션프루트 체리에이드

자몽에이드

자몽에이드

1~2잔(470mℓ, 16oz)

- 자몽베이스 100mℓ(101쪽, 1/2컵)
- 탄산수 190mℓ(1캔, 약 1컵)
- 얼음 적당량

장식
- 자몽 슬라이스 1개(또는 다른 감귤류)
- 블루베리 2~3개
- 허브 약간(애플민트, 로즈마리, 타임 등)

1 잔에 얼음을 담고 사진과 같이 자몽 슬라이스를 넣는다.

2 자몽베이스를 넣는다.

3 탄산수를 붓고 블루베리, 허브로 장식한다.

2

패션프루트 체리에이드

1~2잔(470mℓ, 16oz)

- 패션프루트베이스 90mℓ(103쪽, 6큰술)
- 탄산수 190mℓ(1캔, 약 1컵)
- 체리 2~3개(또는 블루베리)
- 얼음 적당량

1 잔에 얼음을 담고 얼음 사이에 체리를 넣는다.

2 패션프루트베이스를 담는다.

3 탄산수를 붓는다.

1

청포도에이드,
청귤에이드

청량한 느낌의 두 가지 에이드예요. 청포도와 청귤은 여름이 제철이기 때문에 카페 여름 한정 메뉴로 판매하기도 제격이랍니다.

청포도에이드

1~2잔(470mℓ, 16oz)

- 청포도베이스 100mℓ(102쪽, 1/2컵)
- 탄산수 190mℓ(1캔, 약 1컵)
- 얼음 적당량

장식
- 청포도 1~2알
- 허브 약간(애플민트, 로즈마리, 타임 등)

1 잔에 얼음을 담는다.

2 청포도베이스를 넣는다.

3 탄산수를 붓고 청포도, 허브로 장식한다.

2

청귤에이드

1~2잔(470mℓ, 16oz)

- 청귤베이스 100mℓ(102쪽, 1/2컵)
- 탄산수 190mℓ(1캔, 약 1컵)
- 얼음 적당량

장식
- 청귤 슬라이스 1개(또는 라임)
- 허브 약간(애플민트, 로즈마리, 타임 등)

1 잔에 청귤베이스의 건더기를 제외한 액체(100mℓ)를 넣고 얼음을 담는다.

2 얼음 사이에 청귤 슬라이스, 청귤베이스의 건더기(청귤 조각) 2~3개를 끼워 넣는다.

3 탄산수를 붓고 허브로 장식한다.

2

그린 비타민에이드,
레드 비타민에이드

한잔으로 비타민 충전 끝! 레몬베이스를 기본으로 각각 키위베이스와 딸기베이스를 더해 상큼한 비타민에이드를 만들었어요. 생과일은 컬러에 맞춰 어떤 것을 넣어도 좋아요.

그린 비타민에이드

레드 비타민에이드

그린 비타민에이드

1~2잔(470mℓ, 16oz)

- 알로에 키위베이스 80mℓ(103쪽, 5와 1/3큰술)
- 레몬베이스 20mℓ(101쪽, 1과 1/3큰술)
- 탄산수 190mℓ(1캔, 약 1컵)
- 얼음 적당량

장식
- 라임 슬라이스 1개(또는 키위)
- 청포도 1~2알
- 허브 약간(애플민트, 로즈마리, 타임 등)

1 잔에 알로에 키위베이스, 레몬베이스를 담는다.

2 얼음을 담고 얼음 사이에 라임 슬라이스를 넣는다.

3 탄산수를 붓고 청포도를 넣는다.

4 허브로 장식한다.

2

레드 비타민에이드

1~2잔(470mℓ, 16oz)

- 딸기베이스 80mℓ(101쪽, 5와 1/3큰술)
- 레몬베이스 20mℓ(101쪽, 1과 1/3큰술)
- 탄산수 190mℓ(1캔, 약 1컵)
- 얼음 적당량

장식
- 딸기 슬라이스 3개
- 블루베리 2~3개
- 레드커런트 약간(또는 석류알)
- 허브 약간(애플민트, 로즈마리, 타임 등)

1 잔에 딸기베이스, 레몬베이스를 담는다.

2 얼음을 담고 얼음 사이에 딸기 슬라이스, 블루베리를 넣는다.

3 탄산수를 붓고 레드커런트, 허브로 장식한다.

2

바질 토마토에이드, 토마토 매실에이드

토마토를 이용한 색다른 에이드예요. 믿고 먹는 조합인 바질과 토마토로 만든 에이드와 상큼한 맛으로 업그레이드한 토마토 매실에이드입니다. 건더기의 양은 기호에 따라 조절하세요.

토마토 매실에이드

바질 토마토에이드

바질 토마토에이드

1~2잔(470mℓ, 16oz)

- 바질 토마토베이스 100mℓ(104쪽, 1/2컵)
- 탄산수 190mℓ(1캔, 약 1컵)
- 얼음 적당량

장식
- 바질 약간

1 잔에 바질 토마토베이스의 건더기를 제외한 시럽(100mℓ)을 넣고 얼음을 담는다.

2 바질 토마토베이스의 건더기(토마토와 바질) 4~6개를 넣는다.

3 탄산수를 붓고 바질로 장식한다.

2

토마토 매실에이드

1~2잔(470mℓ, 16oz)

- 토마토 매실베이스 100mℓ(104쪽, 1/2컵)
- 탄산수 190mℓ(1캔, 약 1컵)
- 얼음 적당량

1 잔에 토마토 매실베이스의 건더기를 제외한 시럽(100mℓ)을 넣고 얼음을 담는다.

2 토마토 매실베이스의 건더기(토마토와 매실) 4~6개를 넣는다.

3 탄산수를 붓는다.

2

수삼 대추에이드

음료에 은은하게 퍼지는 수삼 향 덕분에 건강해지는 기분이랍니다.
에이드 대신 수삼 대추베이스에 따뜻한 물을 부어 차로 마셔도 좋아요.

1~2잔(470㎖, 16oz)

- 수삼 대추베이스 100㎖(104쪽, 1/2컵)
- 얼음 적당량
- 탄산수 190㎖(1캔, 약 1컵)

1 잔에 얼음을 담는다.

2 수삼 대추베이스를 넣는다.

3 탄산수를 붓는다.

2

3

Tip 수삼 대추베이스에 따뜻한 물을 부어 수삼 대추차로 마셔도 좋아요.

프루트 오렌지티, 딸기 히비스커스티

풍성한 과일향과 꽃향을 모두 느낄 수 있는
상큼한 맛의 티입니다. 두 가지 모두
아이스보다는 따뜻하게 즐기는 것을 추천해요.

프루트 오렌지티

딸기 히비스커스티

프루트 오렌지티

1잔(370㎖, 13oz)

- 오렌지베이스 70㎖(101쪽, 4와 2/3큰술)
- 과일티 2g(1작은술, 티백 1개)
- 따뜻한 물 250㎖(1과 1/4컵)

장식

- 오렌지 슬라이스 1개

1

1 잔에 오렌지베이스를 담는다.
 * 차가울 경우 전자레인지에 20초 정도 데운다.

2 과일티를 ①의 잔에 넣는다.

3 따뜻한 물을 붓고 오렌지 슬라이스로 장식한다.

딸기 히비스커스티

1잔(370㎖, 13oz)

- 딸기베이스 60㎖(101쪽, 4큰술)
- 히비스커스티 4g(2작은술, 티백 2개)
- 따뜻한 물 250㎖(1과 1/4컵)

장식

- 딸기 슬라이스 3개

2

1 잔에 딸기베이스를 담는다.
 * 차가울 경우 전자레인지에 20초 정도 데운다.

2 히비스커스티를 ①의 잔에 넣는다.

3 따뜻한 물을 붓고 딸기 슬라이스로 장식한다.

Tip 딸기 히비스커스티에 리쉬 트로피칼 크림슨 티를 1g 정도 추가로 섞으면 더욱 향긋해요.

제품 추천

트와이닝 패션후르츠 망고 앤 오렌지
망고, 오렌지 등이 들어간 과일티로 이국적인 달콤함이 느껴져요.

리쉬 히비스커스 베리
히비스커스티에 엘더베리, 블루베리 등 다양한 베리류가 더해져 특히 향긋해요.

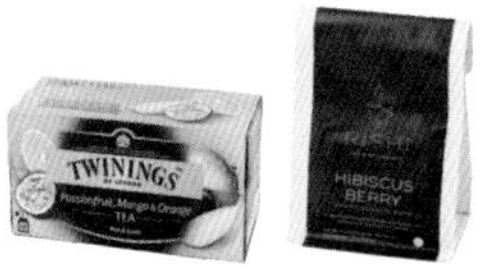

레몬그린티

새콤달콤한 레몬베이스와 쌉싸래한 녹차가
아주 잘 어울려요. 따뜻하게 마셔도 좋고,
여름철 시원하게 마시면 갈증이 싹 가신답니다.

hot

1잔(370mℓ, 13oz)

- 레몬베이스 60mℓ(101쪽, 4큰술)
- 녹차 2g(1작은술, 티백 1개)
- 따뜻한 물 250mℓ(1과 1/4컵)

장식
- 레몬 슬라이스 1개

2

1 잔에 레몬베이스를 담는다.
＊차가울 경우 전자레인지에 20초 정도 데운다.

2 녹차를 ①의 잔에 넣는다.

3 따뜻한 물을 붓고 레몬 슬라이스로 장식한다.

ice

1잔(370mℓ, 13oz)

- 레몬베이스 60mℓ(101쪽, 4큰술)
- 녹차 2g(1작은술, 티백 1개)
- 따뜻한 물 150mℓ(3/4컵)
- 얼음 적당량

장식
- 레몬 슬라이스 1개
- 허브 약간(애플민트, 로즈마리, 타임 등)

1

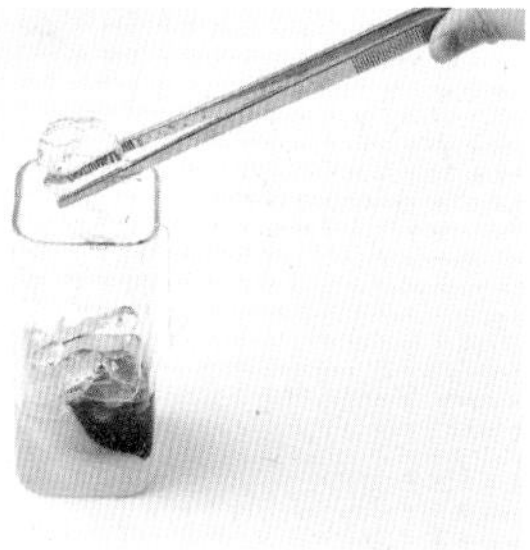

3

1 계량컵에 녹차, 따뜻한 물을 넣고
3분간 우린다.

2 잔에 레몬베이스, 레몬 슬라이스를 넣는다.

3 ①의 티백을 넣고 얼음을 담는다.

4 ①의 녹차를 붓고 허브로 장식한다.

제품 추천 **이토엔 녹차**
찬물에도 잘 녹아서 사용하기 편리하고 우렸을 때
예쁜 연두빛이 돌아요. 온라인에서 구입할 수 있습니다.

키위 베리티,
유자 페퍼민트티

상큼하고 새콤한 키위 베리티는 완전히 섞어 먹어야 제맛으로 즐길 수 있어요.
유자 페퍼민트티는 천천히 우러나서 마실수록 풍미가 좋아지니 여유있게 천천히 즐겨주세요.

페퍼민트 유자티

키위 베리티

키위 베리티

1잔(370mℓ, 13oz)

- 알로에 키위베이스 50mℓ(103쪽, 1/4컵)
- 히비스커스티 4g(2작은술, 티백 2개)
- 따뜻한 물 70mℓ(4와 2/3큰술)
- 차가운 생수 80mℓ(5와 1/3큰술)
- 얼음 적당량

1 계량컵에 히비스커스티를 넣고 따뜻한 물을 부어 3분간 우린 후 차가운 생수를 넣는다.

2 잔에 키위베이스를 넣고 ①의 티백을 넣는다.

3 얼음을 담고 ①의 티를 붓는다.

3

유자 페퍼민트티

1잔(370mℓ, 13oz)

- 유자베이스 60mℓ(101쪽, 4큰술, 또는 오렌지베이스)
- 페퍼민트티 2g(1작은술, 티백 1개)
- 따뜻한 물 70mℓ(4와 2/3큰술)
- 차가운 생수 80mℓ(5와 1/3큰술)
- 얼음 적당량

1 계량컵에 페퍼민트티를 넣고 따뜻한 물을 부어 3분간 우린 후 차가운 생수를 넣는다.

2 잔에 유자베이스를 넣고 ①의 티백을 넣는다.

3 얼음을 담고 ①의 티를 붓는다.

1

제품 추천

리쉬 히비스커스 베리
히비스커스티에 엘더베리, 블루베리 등
다양한 베리류가 더해져 특히 향긋해요.
스티븐스미스 No.45 페퍼민트 리브스
상쾌한 페퍼민트티에 은은하게 감도는 초콜릿향이 매력적이에요.

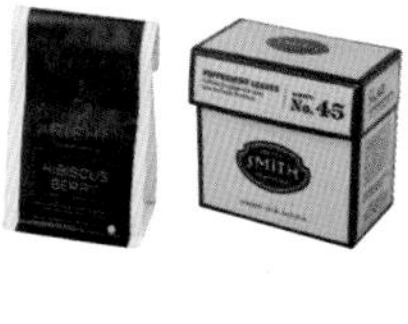

레이디 오렌지티

'트와이닝 레이디 그레이티'는 얼그레이에 감귤류의 향이 가미된 차로 오렌지와 궁합이 좋아요.
따뜻한 차와 아이스티 둘 다 추천합니다.

hot

1잔(370mℓ, 13oz)

- 오렌지베이스 60mℓ(101쪽, 4큰술)
- 오렌지향 홍차 2g(1작은술, 티백 1개)
- 따뜻한 물 250mℓ(1과 1/4컵)

장식
- 오렌지 슬라이스 1개

1 잔에 오렌지베이스를 담는다.
⋆ 차가울 경우 전자레인지에 20초 정도 데운다.

2 홍차를 ①의 잔에 넣는다.

3 따뜻한 물을 붓고 오렌지 슬라이스로 장식한다.

2

ice

1잔(370mℓ, 13oz)

- 오렌지베이스 70mℓ(101쪽, 4와 1/2큰술)
- 오렌지향 홍차 2g(1작은술, 티백 1개)
- 따뜻한 물 70mℓ(4와 2/3큰술)
- 차가운 생수 80mℓ(5와 1/3큰술)
- 얼음 적당량

장식
- 오렌지 2조각
- 허브 약간(애플민트, 로즈마리, 타임 등)

1 계량컵에 홍차를 넣고 따뜻한 물을 부어 3분간 우린 후 차가운 생수를 넣는다.

2 잔에 오렌지베이스, 오렌지 1조각을 넣는다.

3 얼음, 티백을 담은 후 티를 붓고 오렌지 1조각, 허브로 장식한다.

3

제품 추천 **트와이닝 레이디 그레이**
오렌지와 레몬 껍질이 추가된 홍차로 오렌지베이스와 함께 사용하면 향이 배가됩니다. 온라인에서 구입할 수 있어요.

패션프루트티,
캐모마일 애플티

활기찬 기분을 느끼고 싶은 오후엔
상큼한 맛의 패션프루트티를,
차분하게 기분을 가라앉히고 싶은 저녁엔
캐모마일 애플티를 마셔보세요.

패션프루트티

캐모마일 애플티

패션프루트티

1잔(370mℓ, 13oz)

- 패션프루트베이스 60mℓ(103쪽, 4큰술)
- 오렌지향 홍차 2g(1작은술, 티백 1개)
- 따뜻한 물 250mℓ(1과 1/4컵)

장식
- 레몬 슬라이스 1개
- 레드커런트 약간(또는 석류알)

1 잔에 패션프루트베이스를 담는다.
⋆ 차가울 경우 전자레인지에 20초 정도 데운다.

2 홍차를 ①의 잔에 넣는다.

3 따뜻한 물을 붓고 레몬 슬라이스, 레드커런트로 장식한다.

1

캐모마일 애플티

1잔(370mℓ, 13oz)

- 사과베이스 60mℓ(102쪽, 4큰술)
- 캐모마일티 2g(1작은술, 티백 1개)
- 따뜻한 물 250mℓ(1과 1/4컵)

장식
- 사과 1조각

1 잔에 사과베이스의 건더기를 제외한 액체(60mℓ)만 담는다.
⋆ 차가울 경우 전자레인지에 20초 정도 데운다.

2 캐모마일티를 ①의 잔에 넣는다.

3 따뜻한 물을 붓고 사과를 넣는다.

2

제품 추천

트와이닝 레이디 그레이
오렌지와 레몬 껍질이 추가된 상큼한 맛의 홍차예요.

스티븐스미스 No.67 메도우
캐모마일 베이스에 루이보스, 여러 꽃잎이 섞여 있어 향긋해요.

얼그레이 자몽티

녹차와 레몬처럼, 홍차와 자몽도 아주 클래식한 조합이랍니다.
따뜻하게 즐겨도, 차갑게 즐겨도 좋아요.

hot

1잔(370mℓ, 13oz)

- 자몽베이스 75mℓ(101쪽, 5큰술)
- 꿀 20mℓ(1과 1/3큰술)
- 얼그레이티 2g(1작은술, 티백 1개)
- 따뜻한 물 250mℓ(1과 1/4컵)

장식
- 자몽 슬라이스 1개

1 잔에 자몽베이스, 꿀을 담는다.
  * 차가울 경우 전자레인지에 20초 정도 데운다.

2 얼그레이티를 ①의 잔에 넣는다.

3 따뜻한 물을 붓고 자몽 슬라이스로 장식한다.

2

ice

1잔(370mℓ, 13oz)

- 자몽베이스 60mℓ(101쪽, 4큰술)
- 꿀 10mℓ(2작은술)
- 얼그레이티 2g(1작은술, 티백 1개)
- 따뜻한 물 70mℓ(약 1/3컵)
- 차가운 생수 80mℓ(2/5컵)
- 얼음 적당량

장식
- 자몽 슬라이스 1개
- 허브 약간(애플민트, 로즈마리, 타임 등)

1 계량컵에 얼그레이티를 넣고 따뜻한 물을 부어 3분간 우린 후 차가운 생수를 넣는다.

2 잔에 자몽베이스, 꿀, 자몽 슬라이스를 넣는다.

3 ①의 티백, 얼음을 담은 후 티를 붓고 허브로 장식한다.

3

제품 추천 **트와이닝 얼그레이**

얼그레이티 하면 트와이닝을 떠올리는 분들이 많을 거예요. 핫티, 아이스티, 밀크티, 베이킹 등 어디나 무난하게 잘 어울린답니다. 온라인에서 구입할 수 있어요.

블랙앤크림티

과일베이스가 아닌 크림과 블렌딩한 특별한 티를 소개합니다.
향긋한 홍차와 부드럽고 짭조름한 맛의 치즈크림가 한입에 들어오도록
섞지 않고 쭉 마셔보면 매력적인 그 맛에 중독될 거예요.

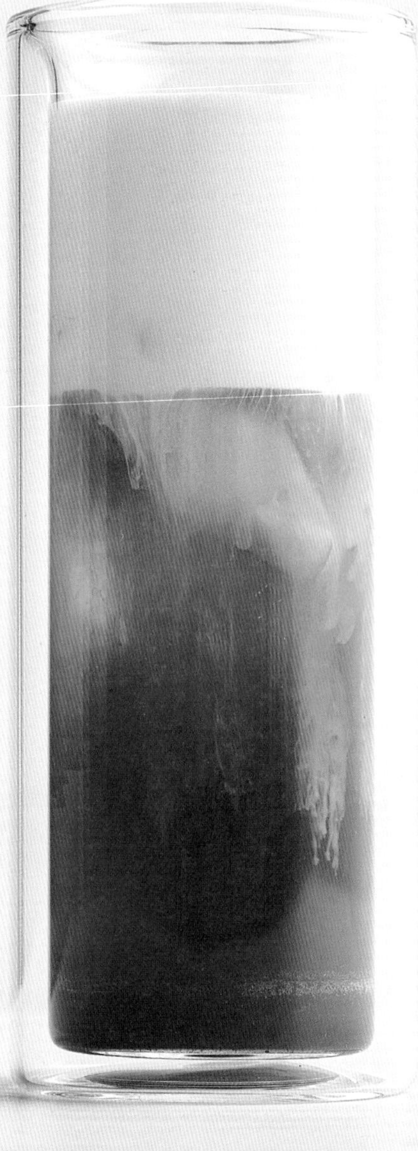

1잔(370㎖, 13oz)

- 홍차 2g(1작은술, 티백 1개)
- 따뜻한 물 70㎖(4와 2/3큰술)
- 차가운 생수 80㎖(5와 1/3큰술)
- 얼음 적당량

치즈크림
- 생크림 100㎖(1/2컵)
- 크림치즈 7g(1작은술)
- 우유 30㎖(2큰술)
- 연유 5㎖(1작은술)
- 소금 약간

1 볼에 치즈크림 재료를 넣고 주르륵 흐르는 농도가 될 때까지 핸드믹서나 거품기로 휘핑한다.

2 계량컵에 홍차를 넣고 따뜻한 물을 부어 3분간 우린 후 차가운 생수를 넣는다.

3 잔에 티백, 얼음을 담은 후 티를 붓는다.

4 ①의 치즈크림 60g을 올린다.
* 치즈크림은 기호에 따라 더 넣어도 된다.
남은 크림은 밀폐한 후 냉장 보관(2일)한다.

1

2

제품 추천 **마리아쥬 프레르 웨딩 임페리얼**
캐러멜과 초콜릿의 달콤한 향이 더해져 있어 아주 고급스러운 맛의 홍차예요. 온라인에서 구입할 수 있어요.

Chapter 4

스무디 · 주스

생과일로 만드는 신선한 스무디와 주스

스무디는 과일이나 채소를 믹서에 곱게 간 음료로 건더기(펄프)가 있어 농도가 걸쭉해요. 반면 주스는 착즙기를 이용해 즙만 내기 때문에 건더기가 없고 맑지요. 주로 딸기, 수박, 복숭아처럼 과즙을 내기 어려운 과일은 믹서에 갈아서 스무디로 마십니다.
이때 포인트는 얼음 대신 얼린 과일을 사용하는 것! 얼음을 넣어 만든 스무디는 맛도 진하지 않고 마시는 동안 농도가 묽어져서 추천하지 않아요. 생과일을 적당한 크기로 썰어 얼려두면 언제든 간편하게 진한 맛의 스무디를 만들 수 있습니다.

Smoothie & Juice

딸기스무디, 딸기 바나나스무디

봄이면 카페에서 앞다투어 내놓는 메뉴가 바로 딸기 음료지요.
딸기 음료에는 설탕이나 시럽 대신 연유를 약간 넣어주면 훨씬 맛있답니다.
딸기 바나나스무디는 섞이는 비주얼의 디자인을 위해 따로 갈아 담았는데,
모든 재료를 한꺼번에 갈아도 무방해요.

딸기스무디

딸기 바나나스무디

딸기스무디

1잔(370mℓ, 13oz)

- 냉동 딸기 180g(약 2컵)
- 우유 100mℓ(1/2컵)
- 연유 50mℓ(3과 1/3큰술, 또는 꿀)

장식
- 베리류 약간(딸기, 라즈베리, 블루베리 등)
- 허브 약간(애플민트, 로즈마리, 타임 등)

1 믹서에 냉동 딸기, 우유, 연유를 넣고 간다.

2 잔에 담고 베리류, 허브로 장식한다.

1

Tip 생크림 10~20mℓ(2~4작은술)를 넣어 같이 갈면 더 부드러워요.

딸기 바나나스무디

1잔(370mℓ, 13oz)

- 냉동 딸기 90g(약 1컵)
- 냉동 바나나 90g(과육만, 약 1컵)
- 우유 100mℓ(1/2 컵)
- 연유 50mℓ(3과 1/3큰술, 또는 꿀)

장식
- 베리류 약간(딸기, 라즈베리, 블루베리 등)
- 허브 약간(애플민트, 로즈마리, 타임 등)

1 믹서에 냉동 딸기, 우유 1/2분량(1/4컵), 연유를 넣고 간 후 잔에 담는다.
* 모든 재료를 한꺼번에 갈아도 된다.

2 믹서에 냉동 바나나, 우유 1/2분량(1/4컵)을 넣고 간 후 ①의 잔에 담는다.

3 베리류, 허브로 장식한다.

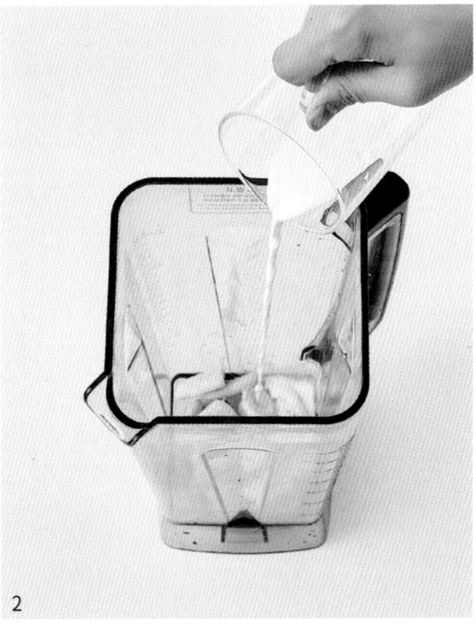

2

패션프루트 망고스무디, 구아바 망고스무디

스무디계의 베스트셀러! 두 가지 망고 스무디를 소개합니다. 정신이 확 들 정도로 새콤한 맛의 패션프루트 망고스무디와 향긋한 구아바 망고스무디 중 취향에 맞게 골라보세요.

패션프루트 망고스무디

1잔(370mℓ, 13oz)

- 냉동 망고 180g(과육만, 약 2컵)
- 패션프루트베이스 30mℓ(103쪽, 2큰술, 또는 오렌지베이스, 설탕 1~2큰술)
- 우유 100mℓ(1/2컵)
- 연유 30mℓ(2큰술)

1 믹서에 냉동 망고, 우유, 연유를 넣고 곱게 간다.

2 잔에 ①의 1/3분량을 담는다.

3 패션프루트베이스를 컵 둘레에 담은 후 ①의 나머지 분량을 담는다.

3

구아바 망고스무디

1잔(370mℓ, 13oz)

- 냉동 망고 150g(과육만, 약 1과 1/2컵)
- 구아바주스 200mℓ (1컵, 또는 파인애플주스, 사과주스)

1 믹서에 냉동 망고, 구아바 주스를 넣고 곱게 간다.

2 잔에 담는다.
＊ 망고, 허브 등으로 장식해도 좋다.

1

Tip 구아바주스는 온라인 또는 백화점 식품관에서 구입할 수 있어요.

코코넛 베리스무디, 블루베리스무디

코코넛 베리스무디는 코코넛워터를 넣고 갈아 이국적인 맛을 느낄 수 있어요.
당분을 따로 넣지 않고 과일의 단맛을 충분히 활용했습니다.
블루베리는 껍질이 있기 때문에 충분히 갈아주는 것이 중요해요.

코코넛 베리스무디

블루베리스무디

코코넛 베리스무디

1잔(370mℓ, 13oz)

- 냉동 딸기 60g(약 2/3컵)
- 냉동 산딸기 80g(약 1컵, 또는 딸기, 블루베리)
- 냉동 바나나 120g(과육만, 약 1과 1/5컵)
- 코코넛워터 100mℓ(1/2컵)

1 믹서에 냉동 딸기, 냉동 산딸기, 냉동 바나나, 코코넛워터를 넣고 곱게 간다.

2 잔에 담는다.

1

블루베리스무디

1잔(370mℓ, 13oz)

- 냉동 블루베리 180g(약 2컵)
- 우유 100mℓ(1/2 컵)
- 연유 50mℓ(3과 1/3큰술, 또는 꿀)

장식
- 블루베리 약간

1 믹서에 냉동 블루베리, 우유, 연유를 넣고 곱게 간다.

2 잔에 담고 블루베리로 장식한다.

1

아보카도스무디, 트로피컬스무디

아보카도스무디는 자칫 느끼하게 느껴질 수 있기 때문에 레몬즙을 약간 넣어주면 훨씬 밸런스가 좋아요. 트로피컬스무디는 열대 과일과 코코넛워터로 맛을 냈는데, 냉동 열대과일 믹스를 사용하면 더 간편하게 만들 수 있답니다.

트로피컬스무디

아보카도스무디

아보카도스무디

1잔(370mℓ, 13oz)

- 냉동 아보카도 140g(과육만, 약 1과 1/2컵)
- 우유 150mℓ(3/4컵)
- 연유 30mℓ(2큰술, 또는 꿀)
- 레몬즙 10mℓ(2작은술)

장식
- 산딸기 약간(또는 딸기, 체리)
- 허브 약간(애플민트, 로즈마리, 타임 등)

1 믹서에 냉동 아보카도, 우유, 연유, 레몬즙을 넣고 곱게 간다.

2 잔에 담고 산딸기, 허브로 장식한다.

1

트로피컬스무디

1잔(370mℓ, 13oz)

- 냉동 망고 140g(과육만, 약 1과 1/2컵)
- 냉동 파인애플 100g(과육만, 약 1컵)
- 냉동 키위 30g(과육만, 약 1/3컵)
- 코코넛워터 80mℓ(2/5컵)

장식
- 오렌지 슬라이스 1개(또는 망고, 파인애플 등)
- 허브 약간(애플민트, 로즈마리, 타임 등)

1 믹서에 냉동 망고, 냉동 파인애플, 냉동 키위, 코코넛워터를 넣고 곱게 간다.

2 잔에 담고 오렌지 슬라이스, 허브로 장식한다.

1

오렌지 자몽주스, 당근 토마토주스

오렌지주스도 좋지만 쌉싸래한 자몽을 더하면 맛도 좋고 색도 더 예쁘답니다.
당근과 토마토는 영양소 흡수율을 높이기 위해 익혀서 사용했어요.

오렌지 자몽주스

1~2잔(470mℓ, 16oz)

- 오렌지 400g(껍질 포함, 2개)
- 자몽 100g(껍질 포함, 1/4개, 또는 다른 감귤류)
- 꿀 30mℓ(2큰술)

1 오렌지는 껍질을 벗기고 착즙기에 넣어 착즙한 후 잔에 담는다.

2 자몽은 껍질을 벗기고 착즙기에 넣어 착즙한 후 꿀을 넣고 섞는다.

3 ①의 오렌지즙이 담긴 잔에 ②의 자몽즙을 붓는다.
* 얼음을 넣어도 된다.

2

당근 토마토주스

1~2잔(470mℓ, 16oz)

- 당근 100g(1/2개)
- 토마토 400g(2개)
- 메이플시럽 30mℓ(2큰술, 또는 꿀)

1 당근과 토마토를 전자레인지에 넣고 2분~2분 30초간 익힌다.
* 당근을 익히면 영양소 흡수율이 높아지고 토마토는 껍질을 쉽게 벗길 수 있다.

2 토마토는 껍질을 벗긴다.

3 믹서에 토마토, 메이플시럽을 넣고 간 후 잔에 담는다.

4 착즙기에 당근을 넣고 착즙한 후 ③의 잔에 담는다.
* 얼음을 넣어도 된다.

2

4

수박 키위주스,
아보카도 케일주스

수박주스는 특유의 비린내가 나거나 음료가 분리되어 실패하기 쉬워요.
얼린 수박을 사용하면 이 두 가지를 한번에 해결할 수 있답니다. 아보카도 케일주스는
케일과 과일을 착즙한 후 아보카도와 함께 갈아서 일반 주스보다 농도가 진해요.

아보카도 케일주스

수박 키위주스

수박 키위주스

1~2잔(470㎖, 16oz)

- 냉동 수박 400g(과육만, 약 2컵)
- 키위 50g(과육만, 1/2개, 또는 파인애플)
- 설탕 24~36g(2~3큰술)

1 키위는 껍질을 벗겨 잘게 썬다.

2 볼에 키위, 설탕을 넣고 포크로 으깨며 섞는다.

3 믹서에 냉동 수박을 넣고 곱게 간 후 잔에 담는다.

4 ③의 잔에 ②의 키위를 올린다.

2

3

Tip 수박은 껍데기를 제거하고 씨를 뺀 후 과육만 한입 크기로 썰어서 사용해요.

아보카도 케일주스

1~2잔(470㎖, 16oz)

- 사과 200g(껍질 포함, 1개)
- 파인애플 링 100g(1개, 또는 키위)
- 쌈케일 5g(1장, 또는 양배추)
- 냉동 아보카도 100g(약 1컵, 또는 바나나)

1 사과, 파인애플, 쌈케일을 적당한 크기로 썬 후 착즙기에 넣어 착즙한다.

2 믹서에 ①의 착즙액, 냉동 아보카도를 넣고 곱게 간 후 잔에 담는다.
* 얼음을 넣어도 된다.

2

사과 비트주스, 사과 셀러리주스

건강함을 가득 담은 두 가지 착즙 주스예요.
특유의 향 때문에 먹기 어려워 하는 채소인
비트와 셀러리를 맛있게 먹을 수 있도록
사과와 함께 갈았습니다.

사과 셀러리주스

사과 비트주스

사과 비트주스

1잔(470mℓ, 16oz)

- 사과 400g
  (껍질 포함, 1개, 또는 오렌지, 파인애플)
- 비트 50g(껍질 포함, 1/8개)
- 당근 100g(껍질 포함, 1/2개)
- 생강 5g(마늘 크기, 1톨)

1 사과는 깨끗하게 씻고
비트, 당근, 생강은 껍질을 벗긴다.

2 사과, 비트, 당근, 생강을 적당한 크기로 썬다.
* 비트 특유의 향이 부담스럽다면 살짝 데친다.

3 착즙기에 넣어 착즙한 후 잔에 담는다.
* 얼음을 넣어도 된다.

2

사과 셀러리주스

1잔(470mℓ, 16oz)

- 사과 400g(껍질 포함, 2개, 또는 오렌지, 파인애플)
- 셀러리 60g(30cm 1대, 또는 쌈케일 12장)
- 레몬 100g(껍질 포함, 1개)

1 사과는 깨끗하게 씻고, 레몬은 껍질을 벗긴다.
셀러리는 겉의 두꺼운 섬유질을 벗긴다.
* 착즙기에 따라 섬유질이 많은 경우 착즙이
잘 안 될 수도 있다.

2 사과, 셀러리, 레몬을 적당한 크기로 썬다.

3 착즙기에 넣어 착즙한 후 잔에 담는다.
* 얼음을 넣어도 된다.

1

Chapter 5

알코올 음료

상그리아, 뱅쇼, 모히토 등 가볍게 즐기는 알코올 음료

해마다 겨울이면 카페 시즌 음료로 자주 등장하는 것이 바로 와인을 끓여 만드는 뱅쇼(Vin chaud)예요. 이 외에도 카페 메뉴로 상그리아, 모히토, 하이볼 등 간단하게 마실 수 있는 알코올 음료가 점점 늘어나는 추세랍니다. 술 대신 탄산음료로 만드는 논알코올 버전도 소개하니 부담 없이 만들어보세요.

Alcoholic beverages

화이트 상그리아 Sangría

상그리아는 와인에 과일, 탄산수 등을 섞어 차갑게 마시는 스페인의 음료예요.
주로 레드와인으로 만드는데
이번에는 더 깔끔한 맛의 화이트와인 버전을 소개합니다.

1병(750㎖) / 냉장 3~5일
숙성하기 3시간

- 화이트와인 1병
  (750㎖, 또는 레드와인)
- 오렌지 200g(껍질 포함, 1개)
- 사과 100g(껍질 포함, 1/2개)
- 레몬 50g(껍질 포함, 1/2개)
- 라임 40g(껍질 포함, 1/2개)
- 허브 1~2개(애플민트, 로즈마리, 타임 등)
- 얼음 적당량

1 오렌지 1/2개, 사과, 레몬, 라임은 깨끗하게 씻어(20쪽) 껍질째 0.5cm 두께로 슬라이스한다.

2 오렌지 1/2개는 필러로 얇게 껍질을 벗긴 후 스퀴저로 즙을 짠다.
* 껍질을 버리지 않는다.

3 용기에 와인, ①의 과일, 허브, ②의 오렌지 껍질과 오렌지즙을 넣는다. 냉장실에서 3시간 이상 숙성한다.
* 오렌지 껍질을 넣으면 향이 훨씬 진하다.

4 잔에 얼음을 담고 ③의 상그리아, 과일을 담는다.

1

2

3

Tip 상그리아용 와인은 단맛이 있는 와인을 사용하는 게 맛있어요.
단맛이 없는 드라이한 와인을 사용하는 경우 설탕 5큰술을 추가해요.

논알코올
오미자 상그리아

남녀노소 마실 수 있는 논알코올 버전의 상그리아예요.
오미자베이스를 만들어두면 여름내 즐기기 좋답니다.
흔히 건오미자를 찬물에 우려서 많이 만드는데,
이 방식은 향이 약하고 색도 탁해서 추천하지 않아요.

1~2잔(470mℓ, 16oz)

- 오미자베이스 90mℓ(103쪽, 6큰술, 또는 시판 오미자청)
- 사과맛 탄산음료 200mℓ(1컵, 또는 사이다)
- 얼음 적당량

장식
- 자몽 슬라이스 1개(또는 오렌지 슬라이스)
- 라임 1조각(또는 레몬)
- 레드커런트 약간(또는 오미자, 석류알)

1 잔에 오미자베이스를 담는다.

2 얼음을 담는다.

3 탄산음료를 붓는다.

4 자몽, 라임, 레드커런트로 장식한다.

1

3

뱅쇼 Vin chaud

뱅쇼는 프랑스어로 '따뜻한 와인'이란 뜻으로
와인에 과일과 계피 등을 넣어 끓이는 음료를 말해요.
유럽에서는 겨울철 감기 예방을 위해
마시기도 한답니다.

1병(750㎖) / 냉장 3~5일

- 레드와인 1병
  (750㎖, 또는 화이트와인)
- 오렌지 100g(껍질 포함, 1/2개)
- 사과 100g(껍질 포함, 1/2개)
- 레몬 30g(껍질 포함, 약 1/3개)
- 시나몬스틱 2개
- 정향 1~2개(생략 가능)

장식

- 과일 슬라이스 3~4개(사과, 오렌지)
- 로즈마리 약간

1 오렌지, 사과, 레몬을 깨끗하게 씻어(20쪽) 껍질째 0.5cm 두께로 슬라이스한다.

2 냄비에 와인, 오렌지, 사과, 레몬, 시나몬스틱, 정향을 넣는다.

3 뚜껑을 덮고 중약 불에서 끓어오르면 약불로 줄여 5분간 끓인다.

4 잔에 담고 장식용 과일, 로즈마리를 담는다.
* 끓인 과일은 물러지기 때문에 장식용으로는 생과일을 추천한다.

1

2

Tip 뱅쇼용 와인은 단맛이 있는 와인을 사용하는 게 맛있어요.
단맛이 없는 드라이한 와인을 사용하는 경우 끓일 때 설탕 5큰술을 추가해요.

로제뱅쇼

히비스커스티를 더해 진한 핑크빛을 띠는 뱅쇼예요. 색뿐만 아니라 향긋한 향이 아주 좋답니다.
따뜻하게 마셔도 좋고 시원하게 마셔도 잘 어울려요.

1병(750㎖) / 냉장 3~5일
티 우리기 2시간

- 화이트와인 1병(750㎖)
- 히비스커스티 10g(5작은술, 티백 5개)
- 오렌지 100g(껍질 포함, 1/2개)
- 사과 100g(껍질 포함, 1/2개)
- 레몬 50g(껍질 포함, 1/2개)
- 시나몬스틱 2개

장식
- 과일 슬라이스 1~2개(사과, 오렌지 등)

1 오렌지, 사과, 레몬을 깨끗하게 씻어(20쪽) 껍질째 0.5cm 두께로 슬라이스한다.

2 냄비에 화이트와인, 오렌지, 사과, 레몬, 스나몬스틱, 히비스커스티를 넣는다.

3 뚜껑을 덮고 중약 불에서 끓어오르면 약불로 줄여 5분간 끓인다.

4 뚜껑을 덮은 상태로 2시간 이상 우린 후 뚜껑을 열고 히비스커스티를 건져낸다.
* 냉장 보관 후 차갑게 마시거나 따뜻하게 데워서 마신다.

5 잔에 담고 장식용 과일을 담는다.
* 끓인 과일은 물러지기 때문에 장식용으로는 생과일을 추천한다.

2

4

Tip 뱅쇼용 와인은 단맛이 있는 와인을 사용하는 게 맛있어요.
단맛이 없는 드라이한 와인을 사용하는 경우 끓일 때 설탕 5큰술을 추가해요.

제품 추천 **리쉬 히비스커스 베리**
히비스커스꽃을 말린 차로 물에 우렸을 때 붉은색이 나요.
리쉬 제품은 인위적인 향이 없고 베리류가 들어가 특히 향긋해요.
온라인에서 구입할 수 있습니다.

토마토뱅쇼

'뱅쇼'하면 대부분 겨울을 떠올리지만 여름에 더 어울리는 뱅쇼도 있답니다.
쫀득한 토마토의 식감이 매력적인 토마토뱅쇼는 아이스로 마시는 것이 훨씬 맛있어요.

1병(750㎖) / 냉장 3~5일
숙성하기 2일

- 화이트와인 1병(750㎖)
- 방울토마토 250g(10개)
- 오렌지 100g(껍질 포함, 1/2개)
- 사과 100g(껍질 포함, 1/2개)
- 레몬 50g(껍질 포함, 1/2개)
- 시나몬스틱 2개
- 얼음 적당량

장식
- 로즈마리 약간

1 방울토마토는 칼집을 넣지 않고 끓는 물에 넣어 살짝 데친 후 껍질을 벗긴다.
⋆ 칼집을 넣으면 숙성되는 과정에서 쉽게 터지기 때문에 칼집을 넣지 않는다.

2 오렌지, 사과, 레몬을 깨끗하게 씻어(20쪽) 껍질째 0.5cm 두께로 슬라이스한다.

3 냄비에 화이트와인, 오렌지, 사과, 레몬, 시나몬스틱을 넣는다.

4 뚜껑을 덮고 중약 불에서 끓어오르면 약불로 줄여 5분간 끓인다.

5 뚜껑을 열고 방울토마토를 넣은 후 약불에서 끓어오르면 불을 끈다.

6 뚜껑을 덮고 완전히 식힌 후 냉장실에 넣어 2일간 숙성한다.
⋆ 숙성하면 토마토 식감이 쫀득해지고 와인과 과일향이 밴다.

7 잔에 얼음을 넣고 ⑥의 토마토뱅쇼를 담는다. 로즈마리로 장식한다.

1, 2

5

Tip 뱅쇼용 와인은 단맛이 있는 와인을 사용하는 게 맛있어요.
단맛이 없는 드라이한 와인을 사용하는 경우 끓일 때 설탕 5큰술을 추가해요.

모히토 Mojito

당밀 또는 사탕수수를 발효해 만든 술인 럼(Rum)을 베이스로
레몬이나 라임을 더해 만드는 칵테일 '모히토'는
헤밍웨이가 즐겨 마시던 술로 유명해요.
탄산음료로 만드는 논알코올 버전도 소개합니다.

1~2잔(470mℓ, 16oz)

- 라임 50g(껍질 포함, 1개, 또는 레몬)
- 애플민트 5g(1/2컵)
- 위스키 20mℓ(1과 1/3큰술)
- 토닉워터 190mℓ(약 1컵)
- 얼음 적당량

1 라임은 깨끗하게 씻어(20쪽) 껍질째 1/2개는 0.5cm 두께로 슬라이스하고, 1/2개는 사방 0.5cm 크기의 주사위 모양으로 썬다.

2 애플민트 1/2분량은 손으로 잘게 찢거나 절구에 으깬다.

3 잔에 ②의 잘게 찢은 애플민트, 라임을 넣는다.

4 얼음을 담고 위스키, 토닉워터를 붓는다.

5 나머지 애플민트를 올린다.

1, 2

3

Tip 논알콜 버전으로 만들 경우 위스키를 생략하고,
토닉워터 대신 동량의 사과맛 탄산음료(또는 사이다)를 넣어요.

하이볼 Highball

하이볼은 칵테일의 종류 중 하나로 위스키나 브랜디에 탄산수 등의 음료를 넣어 만들어요.
특히 일본에서 대중적으로 마시는데, 산토리 위스키로 만든 하이볼이 가장 유명하지요.
얼그레이시럽을 더하면 위스키의 풍미를 올려주면서 훨씬 고급스럽답니다.

1~2잔(470mℓ, 16oz)

- 레몬즙 10mℓ(2작은술)
- 얼그레이시럽 10mℓ(18쪽, 2작은술, 생략 가능)
- 위스키 20mℓ(1과 1/3큰술)
- 토닉워터 80mℓ(2/5컵)
- 얼음 적당량

장식
- 레몬 1조각
- 라임 1조각

1 잔에 얼음을 담고 레몬즙, 얼그레이시럽을 넣는다.

2 위스키, 토닉워터를 붓는다.

3 레몬, 라임으로 장식한다.

1

2

모주

모주는 막걸리에 한약재를 넣어 끓인 우리 전통술로
특히 전주 지역의 모주가 유명해요.
끓이는 과정에서 알코올이 거의 날아가 1% 내외로 남는답니다.
따뜻하게 마셔도, 차갑게 마셔도 좋아요.

1병(500㎖) / 냉장 3~4일

- 막걸리 500㎖(2와 1/2컵)
- 대추 20g(3~4개)
- 계피 15g(2~3조각)
- 감초 3g(1~2조각)
- 황기 1g(2조각)
- 생강 5g(마늘 크기, 1톨)
- 유기농원당 15g(1큰술, 또는 흑설탕)

장식

- 대추 채 약간

1 냄비에 모든 재료를 넣는다.

2 중약 불에서 끓어오르면 뚜껑을 덮고 약불로 줄여 40분간 끓인다.
* 끓어넘칠 수 있으니 주의한다.

3 체에 걸러 건더기를 제거한다.
* 따뜻하게 마시거나 냉장 보관 후 차갑게 마신다.

4 잔에 담고 대추 채로 장식한다.

1

3

Tip 막걸리에 한약재 대신 강황(투메릭)과 생강(진저)을 넣은 티인 리쉬 투메릭진저티 티백을 넣고 끓이면 간단 버전으로 만들 수 있어요.

Chapter 6

초코 · 키즈 음료

아이들이 좋아하는 달콤한 음료

카페에 가면 아이들이 마실 음료가 마땅치 않은 경우가 많아요. 그래서인지 키즈 음료는 메뉴 컨설팅에서 많이 요청받는 메뉴이기도 합니다. 이 챕터에서는 초코 음료를 중심으로 아이들이 좋아할 만한 달콤한 음료를 담았어요. 물론 여기 소개된 음료 외에도 Chapter 2의 라테나 요거트 또한 키즈 메뉴로 손색없답니다.

Chocolate & Kids drink

초코라테

다크초콜릿과 유기농원당으로 직접 만든 초코시럽 덕분에 인위적인 단맛이 아닌
초콜릿 본연의 맛을 느낄 수 있어요. 기호에 따라 코코아파우더나 초코시럽의 양을 가감해도 좋습니다.

hot

1잔(240mℓ, 8oz)

- 무가당 두유 200mℓ(1컵, 또는 우유)
- 코코아파우더 25g(1과 1/2큰술)
- 초코시럽 15~20mℓ(18쪽, 1큰술~1과 1/3큰술)

1 두유에 코코아파우더를 넣고 핸드블렌더나 거품기로 섞는다.

2 전자레인지에 넣어 2분~2분 30초간 따뜻하게 데운다.

3 잔에 초코시럽을 넣고 한쪽으로 기울인 후 ②를 붓는다.

3

ice

1~2잔(470mℓ, 16oz)

- 차가운 우유 200mℓ(1컵)
- 코코아파우더 25g(1과 1/2큰술)
- 초코시럽 15~20mℓ(18쪽, 1큰술~1과 1/3큰술)
- 얼음 적당량

1 우유에 코코아파우더를 넣고 핸드블렌더로 섞는다.
⋆ 거품기를 쓸 경우 우유를 약간 데워서 섞는다.

2 잔에 얼음을 넣는다.

3 잔의 테두리쪽으로 초코시럽을 넣고 ①을 붓는다.

1

그린티 초코라테

녹차아이스크림의 쌉싸래한 맛과 초코라테의 달콤함이 잘 어울려요. 더 풍성한 비주얼을 원한다면 녹차아이스크림 옆에 초코아이스크림을 한 스쿱 더 올려보세요.

1~2잔(470mℓ, 16oz)

- 우유 150mℓ(3/4컵)
- 코코아파우더 20mℓ(1과 1/3큰술)
- 녹차아이스크림 50g(약 1/2스쿱)
- 얼음 적당량

장식
- 애플민트 약간
- 코코아파우더 약간

1 우유에 코코아파우더를 넣고 핸드블렌더로 섞는다.
⋆ 거품기를 쓸 경우 우유를 약간 데워서 섞는다.

2 잔에 얼음을 담고 녹차아이스크림을 올린다.

3 ①의 음료를 붓고 애플민트, 코코아파우더로 장식한다.

1

2

꼬끄라테

달걀흰자와 아몬드가루 등으로 만든 마카롱의 과자 부분인 '꼬끄(Coque)'를 음료에 활용했어요.
외국에서는 꼬끄를 시리얼처럼 우유에 말아 먹기도 하는데, 거기서 착안한 음료랍니다.

1잔(370mℓ, 13oz)

- 꼬끄 과자 30~40g(약 1컵, 또는 쿠키류, 오레오)
- 우유 150mℓ(3/4컵)
- 바닐라시럽 10mℓ(17쪽, 2작은술)
- 얼음 적당량

1 꼬끄는 먹기 좋은 크기로 부순다.

2 우유거품기에 우유, 바닐라시럽을 넣고 차갑게 돌린다.
* 우유거품기 대신 우유에 바닐라시럽을 넣어 섞어도 된다.

3 잔에 부순 꼬끄 1/2분량을 넣고 얼음을 담는다.

4 우유를 붓고 나머지 꼬끄를 올린다.

3

4

Tip 꼬끄는 온라인 또는 마카롱 전문점에서 구입할 수 있어요.

초코와플프렌즈

귀여운 와플 친구가 달콤한 초코우유에 몸을 담그고 있는 모양의 음료예요.
아이와 함께 놀이하듯 만들기 좋답니다. 와플 과자 외에 다양한 과자를 활용할 수 있어요.

1잔(370mℓ, 13oz)

- 우유 150mℓ(3/4컵)
- 코코아파우더 25g(1과 1/2큰술)
- 초코시럽 10~15mℓ(18쪽, 2/3큰술~1큰술)
- 얼음 적당량

장식

- 초코와플 과자 1개
(또는 와플 과자, 오레오 등)
- 미니 마시멜로우 2개
- 초코펜

1 초코펜을 따뜻한 물에 담가 녹인다.

2 미니 마시멜로우에 초코펜으로 초콜릿을 짠 후 초코와플 과자에 붙인다.
* 초코펜이 접착제 역할을 한다.

3 미니 마시멜로우 위에 초코펜으로 눈동자를 그린다.

4 우유거품기에 우유, 코코아파우더, 초코시럽을 넣고 차갑게 돌린다.
* 우유거품기 대신 핸드블렌더로 재료를 섞어도 된다. 거품기를 쓸 경우 우유를 약간 데워서 섞는다.

5 잔에 얼음을 담고 ④를 붓는다.

6 ③의 초코와플 과자를 음료에 꽂는다.

3

4

오레오셰이크

음료에서 '셰이크(Shake)'는 우유, 아이스크림, 얼음 등의 재료를 넣고 간 것을 말해요.
오레오의 크림을 제거하고 만들어서 많이 달지 않고 맛이 깔끔하답니다.

1잔(370mℓ, 13oz)

- 오레오 3개
- 우유 100mℓ(1/2컵)
- 바닐라시럽 10mℓ(17쭉, 2작은술, 또는 연유)
- 바닐라아이스크림 100g(약 1스쿱)
- 얼음 90g(약 2/3컵)

장식

- 오레오 1개
- 애플민트 약간

1 오레오는 스패출러 또는 포크를 이용해 크림을 긁어낸다.

2 믹서에 우유, 바닐라시럽, 바닐라아이스크림, 얼음을 넣고 곱게 간다.

3 ②의 믹서에 ①의 오레오를 넣고 입자가 있도록 살짝 간다.

4 잔에 담고 오레오, 애플민트로 장식한다.

1

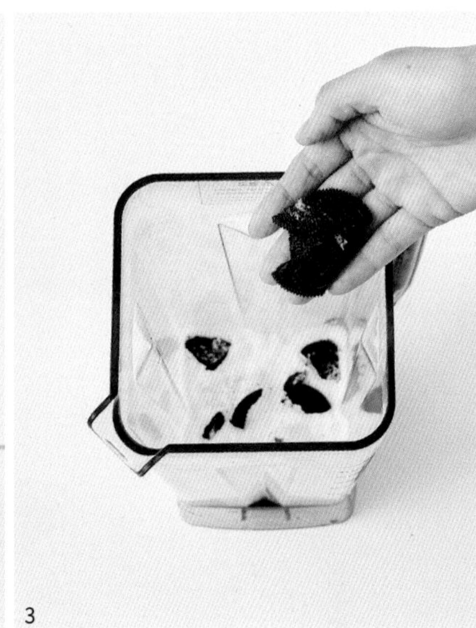

3

Tip 오레오 대신 시판 오레오 분태를 사용할 경우 음료가 너무 달아질 수 있어요. 이 경우 바닐라아이스크림을 10g 줄이고 얼음을 10g 늘려 전체 단맛을 줄여요.

베이비치노

카푸치노의 어린이 버전 음료로 풍성하고 부드러운 거품이 매력적이랍니다.
초코펜으로 아이스크림 위에 이름을 써주면 아이들이 아주 좋아해요.

1~2잔(470mℓ, 16oz)

- 우유 150mℓ(3/4컵)
- 바닐라시럽 15mℓ(17쪽, 1큰술, 또는 연유)
- 얼음 적당량

장식

- 바닐라아이스크림 50g(약 1/2스쿱)
- 애플민트 약간
- 초콜릿 약간

1 우유거품기에 우유, 바닐라시럽을 넣고 차갑게 돌린다.
* 우유거품기 대신 우유에 바닐라시럽을 넣어 섞어도 된다.

2 잔에 얼음을 담고 얼음 위에 바닐라아이스크림을 올린다.

3 ①의 음료를 붓고 애플민트, 초콜릿으로 장식한다.

1

2

레인보우치노

초코볼을 이용해 알록달록 색깔 포인트를 준 음료예요.
시간이 지날수록 초코볼이 녹으면서 비주얼이 더욱 화려해진답니다.

1잔(370mℓ, 13oz)

- M&M 초코볼 37g(1봉)
- 우유 120mℓ(3/5컵)
- 바닐라시럽 15mℓ(17쪽, 1큰술, 또는 연유)
- 바닐라아이스크림 100g(약 1스쿱)
- 얼음 80g(약 1/2컵)

장식
- 바닐라아이스크림 50g(약 1/2스쿱)

1 위생백에 초코볼을 넣고 밀대로 눌러 굵게 부순다.

2 믹서에 우유, 바닐라시럽, 바닐라아이스크림, 얼음을 넣고 곱게 간다.

3 잔에 ②의 2/3분량을 담고 부순 초코볼 1/3분량을 잔의 테두리 쪽으로 뿌린다.

4 다시 남은 음료의 1/2분량을 붓고 남은 초코볼 1/2분량을 잔의 테두리 쪽으로 뿌린다.

5 나머지 음료를 모두 붓고 바닐라아이스크림(50g)을 올린다.

6 남은 초코볼로 장식한다.

1

3

리얼초코치노

초콜릿의 모든 것을 한 잔에 담은 진한 초코 음료예요. 수제 초코시럽을 사용하기 때문에 많이 달지는 않답니다. 스트레스 받는 날, 리얼초코치노 한 잔으로 스트레스를 싹 날려버리세요.

1잔(370㎖, 13oz)

- 우유 120㎖(3/5컵)
- 초코아이스크림 100g(약 1스쿱)
- 초코시럽 15㎖(18쪽, 1큰술)
- 얼음 80g(약 1/2컵)

장식

- 초코아이스크림 50g(약 1/2스쿱)
- 초코시럽 10㎖(18쪽, 2작은술)
- 초코웨하스 1개(또는 초코 과자)
- 초코크런치 약간
  (또는 오레오 부순 것, 초콜릿 부순 것 등)

1 믹서에 우유, 초코아이스크림, 초코시럽, 얼음을 넣고 곱게 간다.

2 잔에 담고 초코아이스크림(50g)을 올린다.

3 초코시럽을 뿌리고
초코웨하스, 초코크런치로 장식한다.

1

2

Chapter 7

한식 음료

식혜부터 십전대보차까지, 건강을 담은 한식 음료

요즘은 옛것들이 다시 사랑받는 경우가 많지요. 그 열풍에 힘입어 한식 음료를 찾는 사람도, 판매하는 곳도 늘어나고 있답니다. 우리나라의 대표 음료로는 식혜나 수정과 외에도 화채, 한방차 등 다양한 종류가 있답니다. 계절 따라 기분 따라 운치 있게 즐겨보세요.

Traditional drink

곶감수정과, 토마토수정과

수정과는 생강과 계피를 달인 물에 설탕이나 꿀을 넣은 우리 전통 음료로,
왕실에서는 단맛이 나는 음료 전체를 수정과라고 부르기도 했습니다.
기본 수정과도 좋지만 곶감이나 방울토마토를 넣으면 보기도 좋고 맛도 훨씬 좋답니다.

곶감수정과

토마토수정과

1.2ℓ / 냉장 5일
숙성하기 1일

- 물 6컵(1.2ℓ)
- 계피 15g(약 5개)
- 생강 25g(마늘 크기, 약 5~6톨)
- 흑설탕 130g(약 3/4컵)

장식
- 대추꽃 1~2개(19쪽)
- 허브 약간
  (애플민트, 로즈마리, 타임 등)

곶감수정과
- 곶감 3개(120g)
- 잣 약간

토마토수정과
- 방울토마토 10~15개(200g)

공통

1 계피는 젖은 행주로 닦는다. 생강은 깨끗이 씻어 얇게 슬라이스한 후 찬물에 1~2시간 담가 전분기를 뺀다.

2 냄비에 물, 계피, 생강을 넣고 중약 불에서 끓기 시작하면 뚜껑을 덮고 약불로 줄여 10분간 끓인다. 한김 식힌 후 냉장실에 넣어 1일간 둔다.

3 ②의 윗물만 따라 냄비에 붓는다.
* 계피를 끓였다 식히면 끈적이는 진액이 생기는데 이것을 분리하면 더 깔끔한 수정과를 즐길 수 있다.

4 ③의 냄비에 흑설탕을 넣고 중약 불에서 3~5분간 끓인다. 완전히 식힌 후 냉장 보관한다.

5 아래 방법을 참고해 수정과에 넣을 곶감 또는 토마토를 만든다. 잔에 수정과와 함께 담고 대추꽃, 허브로 장식한다.

2

3

곶감수정과

사진처럼 가위로 곶감을 3~4등분해 칼집을 낸 후 잣을 꽂는다. 마시기 3시간 전에 수정과에 담가 부드럽게 한다.
* 곶감을 펼친 후 돌돌 말아 썰어도 된다.

토마토수정과

끓는 물에 방울토마토를 넣고 살짝 데친 후 찬물에 식혀 껍질을 벗긴다. 수정과에 담가 하루 이상 숙성한다.

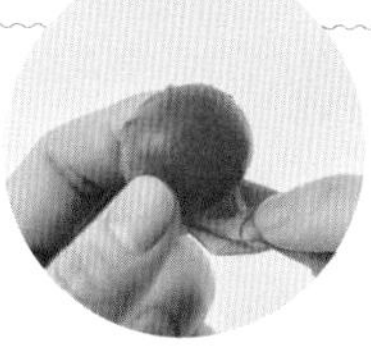

식혜,
단호박식혜

여기에 소개하는 식혜는 쌀을 쪄서 만드는 전통 방식이에요.
이렇게 하면 건더기가 더 꼬들꼬들하고 국물이 깔끔하답니다.
많이 달지 않으니 기호에 따라 설탕을 더해도 좋아요.

3ℓ / 냉장 3일
삭히기 8시간

- 멥쌀 360g(약 2컵)
- 엿기름 티백 2개
- 물 3ℓ(15컵)

장식
- 대추꽃 1~2개(19쪽)
- 호박씨 또는 잣 약간

식혜
- 생강 20g(마늘 크기, 4~5톨)
- 설탕 270g(약 1과 1/2컵)

단호박식혜
- 단호박 400g(1/2개)
- 생강 20g(마늘 크기, 4~5톨)
- 설탕 180g(약 1컵)

공통

1 멥쌀은 3시간 이상 충분히 불린 후 체에 밭쳐 물기를 뺀다.

2 볼에 물, 엿기름 티백을 넣고 살짝 주무른 후 앙금이 가라앉도록 1시간 정도 그대로 둔다.

3 찜기에 젖은 면포를 깔고 불린 멥쌀을 넣는다. 김이 오른 찜냄비에 올려 센 불에서 30분간 찐다. 찌는 도중 물 1~2큰술을 넣고 섞어준다.
* 불린 멥쌀에 동량(2컵)의 물을 넣고 고두밥을 해도 된다.

4 전기압력밥솥에 ③의 밥을 옮긴 후 ②의 엿기름 물을 윗물만 따르고 골고루 섞는다.

5 보온 모드로 8시간 정도 둔 후 밥알이 삭아 떠오르면 냄비에 옮겨 담는다.

2

3

4

식혜

6 ⑤의 냄비에 생강, 설탕을 넣고 중약 불에서 끓기 시작하면 15~20분간 거품을 걷어가며 끓인다. 한김 식힌 후 냉장실에 넣어 차갑게 식힌다.

7 잔에 식혜를 담고 대추꽃, 호박씨 또는 잣으로 장식한다.

단호박식혜

6 단호박에 물을 1~2큰술 뿌린 후 전자레인지에 넣고 5~7분간 익힌다. 껍질을 벗긴 후 고운 체에 내린다.

7 ⑤의 냄비에 단호박, 생강, 설탕을 넣고 중약 불에서 끓기 시작하면 15~20분간 거품을 걷어가며 끓인다. 한김 식힌 후 냉장실에 넣어 차갑게 식힌다.

8 잔에 단호박식혜를 담고 대추꽃, 호박씨 또는 잣으로 장식한다.

Tip 식혜에 밥알이 떠오르는 것을 원한다면, 과정 ⑤에서 밥알을 따로 건져 3번 정도 씻은 후 생수에 담가 냉장 보관했다가 마실 때 밥알을 건져 식혜에 띄워요.

오미자화채

오미자의 다섯 가지 맛인 단맛, 신맛, 쓴맛, 짠맛, 매운맛을
모두 느낄 수 있는 매력적인 음료예요.
배, 사과, 수박 등 원하는 과일을 넣어 즐겨보세요.

13oz(370mℓ)

- 오미자베이스 100mℓ(103쪽, 1/2컵, 또는 시판 오미자청)
- 배 1/4개(또는 사과, 수박 등)
- 차가운 생수 200mℓ(1컵, 또는 탄산수)

장식

- 오미자 약간(또는 잣)

1 배를 채 썬다.
 * 모양틀로 찍어도 된다.

2 잔에 오미자베이스, 차가운 생수를 넣고 섞는다.

3 배를 넣고 오미자를 올린다.

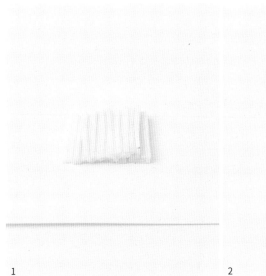

1

2

Tip 물 대신 탄산수를 넣으면 에이드로 즐길 수 있어요.

생강차, 레몬생강차

따끈하게 한 잔 마시고 나면
없던 감기도 뚝 떨어지는 것 같은 느낌이에요.
생강은 몸을 따뜻하게 해주기 때문에
겨울철에 마시기 제격이랍니다.

생강차

13oz(370mℓ)

- 생강베이스 80mℓ(104쪽, 5와 1/3큰술)
- 따뜻한 물 250mℓ(1과 1/4컵)

1 잔에 생강베이스를 담은 후 전자레인지에 넣고 20초 정도 데운다.

2 따뜻한 물을 붓는다.

2

레몬생강차

13oz(370mℓ)

- 생강베이스 60mℓ(104쪽, 4큰술)
- 레몬베이스 20mℓ(101쪽, 1과 1/3큰술)
- 따뜻한 물 250mℓ(1과 1/4컵)

장식
- 레몬 슬라이스 1개
- 애플민트 약간

1 잔에 생강베이스, 레몬베이스를 담은 후 전자레인지에 넣고 20초 정도 데운다.

2 따뜻한 물을 붓고 레몬 슬라이스, 애플민트로 장식한다.

1

Tip 레몬생강차의 레몬베이스 대신 레몬즙(레몬 1개분), 꿀(2큰술)을 넣어도 좋아요.

사과대추차

사과와 대추는 맛이 잘 어울리는 단짝 재료예요.
사과에는 꿀이나 설탕의 단맛과는 다른 자연스러운 단맛이 있어
한방차를 끓일 때 더하면 좋답니다.

1ℓ / 냉장 5일

- 사과 100g(껍질 포함, 1/2개)
- 대추 30g(약 15개)
- 생강 20g(마늘 크기, 5톨)
- 물 1ℓ(5컵)

장식

- 사과 슬라이스 2~3개
- 대추꽃 1~2개(19쪽)
- 잣 약간

1 사과는 4등분하고, 생강은 손질한 후 얇게 슬라이스한다.

2 냄비에 물, 사과, 대추, 생강을 넣고 중약 불에서 끓기 시작하면 뚜껑을 덮고 10분간 끓인다.

3 잔에 담고 사과 슬라이스, 대추꽃, 잣으로 장식한다.
* 남은 사과대추차는 건더기를 걸러 냉장 보관한다.

1

2

쌍화차,
십전대보차

쌍화차는 한약재를 뭉근하게 끓여 만드는 대표적인 한방차예요.
쌍화차에서 재료를 조금 더하면 십전대보차가 되는데, 백출·감초·인삼·백복령은 '사군자탕'이라 해서
기운을 보하고 당귀·천궁·숙지황·백작약은 '사물탕'이라 해서 혈을 보하는 역할을 한답니다.
견과류를 듬뿍 넣고 달걀노른자까지 올려 마시면 꽤 든든해요.

3ℓ / 냉장 10일

쌍화차

- 당귀, 천궁, 숙지황, 백작약, 황기, 건강, 대추 각 25g
- 감초, 계피 각 40g
- 물 3ℓ(15컵)

십전대보차

- 당귀, 천궁, 숙지황, 백작약, 황기, 감초, 계피, 백출, 인삼, 백복령 각 18g
- 물 3ℓ(15컵)

장식

- 달걀노른자 1개
- 견과류 약간(해바라기씨, 잣, 땅콩 등)

1 모든 재료는 흐르는 물에 헹군다.

2 압력솥에 물 1/2분량, 쌍화차 또는 십전대보차 재료를 넣고 뚜껑을 덮은 후 중약 불에서 끓여 추가 울리면 20분간 끓인다.

3 뚜껑을 열지 않고 그대로 식힌 후 체에 밭쳐 물(A)만 거른다.

4 ③의 건더기(B)에 다시 물 1/2분량을 넣고 뚜껑을 덮은 후 중약 불에서 끓여 추가 울리면 20분간 끓인다.
⋆ 두 번에 나눠서 끓이면 맑고 깔끔한 차를 즐길 수 있다.

5 뚜껑을 열지 않고 그대로 식힌 후 체에 밭쳐 물(C)만 거르고 건더기는 제거한다.

6 ③의 물(A)에 ⑤의 물(C)을 섞는다.
⋆ 보관할 경우 완전히 식혀 냉장 보관한다.

7 잔에 담은 후 전자레인지에 넣고 따뜻하게 데운다.

8 달걀노른자, 견과류를 올린다.

3

4

6

Tip

- 한약재는 온라인에서 '쌍화차 재료'라고 검색하면 가정용으로 소량씩 판매하는 제품을 구입할 수 있어요.
- 일반 냄비에 끓일 경우 진하게 우러나지 않아 추천하지는 않지만, 만약 압력솥 대신 일반 냄비를 사용할 경우에는 물을 4ℓ로 늘리고 과정 ②, ④에서 끓이는 시간을 1시간으로 늘려요.

카페보다 더 맛있는 카페 음료 기본부터 응용까지

1판 1쇄 펴낸 날	2023년 6월 14일
1판 2쇄 펴낸 날	2023년 12월 5일

편집장	김상애
편집	고영아
디자인	원유경
사진	김덕창(Studio DA)
기획 · 마케팅	정남영 · 엄지혜
독자 기획단	강지현, 강혜진, 김미주, 김미진, 김민선, 김봉성, 김아람, 김정은, 문보람, 문솔희, 박민경, 박주아, 박혜영, 석민희, 성은경, 신주옥, 신현숙, 오세나, 유리안, 이선영, 이승현, 이예진, 이지영, 이지아, 이지현, 이채린, 정주용, 최진영, 최현정

편집주간	박성주
펴낸이	조준일

펴낸곳	(주)레시피팩토리
주소	서울특별시 용산구 한강대로 95 래미안용산더센트럴 A동 509호
대표번호	02-534-7011
팩스	02-6969-5100
홈페이지	www.recipefactory.co.kr
애독자 카페	cafe.naver.com/superecipe
출판신고	2009년 1월 28일 제25100-2009-000038호

제작 · 인쇄	(주)대한프린테크

값 17,700원

ISBN 979-11-92366-24-1